기초확률과 통계학

김대식 · 김윤경 지음

KM 경문사

머리말

현대사회는 정보화사회를 거쳐 이른바 4차 산업혁명 시대로 급속하게 발전해가고 있다. 4차 산업혁명은 인공지능, 사물인터넷, 빅 데이터, 모바일 등 첨단 정보통신기술이 경제·사회 전반에 융합되어 혁신적인 변화가 나타난 차세대 산업혁명이다. 이러한 4차 산업혁명 시대를 살아가는 현대인에게 필수적으로 요구되는 것 중의 하나가 통계적 사고능력이다.

통계학은 국가의 정치, 경제, 인구 등에 관한 자료를 정리하고 분석하기 위해 시작되었지만 현재에 이르러서는 모든 학문에 필수적으로 응용되는 종합과학으로 발전하였으며, 빅 데이터 분석에도 통계적 사고를 필요로 한다.

본 교재는 수년간 통계학 강의 경험을 바탕으로 한 학기에 확률과 통계학의 기본개념을 이해하기에 적합하도록 구성하였으며, 이론적 내용은 꼭 필요한 경우에 한해 최소한으로 다루었고 예제를 통하여 통계적 개념을 충실히 설명하고자 노력하였다. 통계적 자료처리를 위해 현재 SAS, SPSS 등 여러 가지 소프트웨어가 사용되고 있으나, 통계 전공자를 제외한 일반인들은 쉽게 접할 수 없기 때문에 누구나 사용할 수 있는 EXCEL 2016에서 제공하는 통계함수를 활용하여 자료를 분석하는 방법을 각 단원의 마지막 절에 제시하였다.

이 책이 독자 여러분들에게 통계적 사고능력을 배양하는 데 도움이 되기를 바라며 출판에 도움을 주신 경문사 사장님과 출판부 직원 여러분께 감사의 마음을 드린다.

차례

자료의 정리 1장

1.1 서론

통계학(Statistics)은 오래전부터 국가의 정치, 경제, 인구 등에 관련된 자료나 도표를 나타내기 위한 학문으로 인식되어 왔다. 관심의 대상에서 자료를 수집하여 이를 정리하고 요약하는 분야를 **기술통계학**이라 하며 자료를 분석하여 관심의 대상에 대한 과학적이고 합리적인 판단을 내릴 수 있는 방법을 제시해주는 분야를 **추측통계학**이라 하는데, 오늘날의 통계학 분야에서 핵심을 이루는 분야는 추측통계학이다. 우리가 관심의 대상에 대한 과학적 판단을 내리기 위해 자료를 수집하는 과정에서 우연적 요인에 의하여 자료가 다르게 나올 수 있는 현상이 발생하게 되는데, 이러한 현상을 랜덤 현상이라 하며 이를 수리적으로 다루는 분야가 **확률론**(Probability)이다.

1.2 모집단과 표본

이 절에서는 통계학에서 자주 사용되는 용어를 설명하기 위해 다음의 예를 생각해보자.

예 1.2.1 선거를 앞두고 유권자의 지지성향을 알아보고자 한다. 이때 모든 유권자를 대상으로 지지성향을 조사한다면 가장 정확한 정보를 얻을 수 있다. 그러나 이를 위해서는 막대한 예산이 필요할 뿐만 아니라, 이를 정리하고 분석하는 과정에 상당한 시간이 소요되므로 각 시·도에서 적정한 수의 유권자를 뽑아 여론조사를 실시하는 것이 효율적이다.

예 1.2.2 공장에서 생산되는 전구의 평균 수명을 알아보기 위해 그 공장에서 생산되는 모든 전구를 조사하면 그 회사는 판매할 전구가 하나도 없기 때문에 이러한 조사는 무의미하다. 이 회사에서 생산되는 전구 중에서 일부만을 조사하여 전구의 평균 수명을 추측하는 것이 효율적이다.

위의 두 예에서 보는 바와 같이, 우리는 관심의 대상 전체를 조사하지 않고 그중에 일부만을 뽑아서 조사한 다음 통계적 처리를 하게 된다. 이때, 관심의 대상이 되는 모든 개체의 특성 값들의 전체집합을 **모집단**(population)이라 하며, 모집단에서 실제로 추출된 일부의 관측 값들의 집합을 **표본**(sample)이라 한다.

모집단은 그것을 구성하고 있는 원소의 수에 따라서 유한 모집단과 무한 모집단으로 분류되며, 모집단의 특성을 나타내는 양적인 측도를 **모수**(parameter)라 하는데 모평균, 모분산 등이 이에 해당된다. 또한, 표본에서 얻어지는 특성 값을 **통계량**(statistic)이라 하며, 표본평균, 표본분산 등이 이에 해당된다.

1.3 자료의 종류

우리대학교 어느 학과에서 임의로 추출된 10명의 신입생을 대상으로 신체검사를 하여 얻은 결과가 다음과 같다고 하자.

번호	혈액형	신장	체중
1	A	170	65
2	O	165	62
3	AB	156	52
4	O	174	70
5	B	180	82
6	AB	162	58
7	A	154	48
8	B	178	72
9	B	162	64
10	O	182	76

여기에서 혈액형, 신장, 체중 등과 같이 측정하고자 하는 특성을 **변수**(variable)라 하고, 변수의 관측 값을 **자료**(data)라고 한다. 자료는 크게 나누어 **질적 자료**(qualitative data)와 **양적 자료**(quantitative data)로 분류 된다. 질적 자료는 기호, 문자로 표현되는 자료이며 **범주형 자료**(categorical data)라고도 부르는데, 숫자로 표현되더라도 숫자는 크기나 양을 나타내지는 않는 자료를 의미한다. 이에 반해 양적 자료는 크기나 양을 나타내는 숫자로 표현되는 자료를 의미한다. 자료의 종류는 다음과 같이 세분화하여 분류한다.

- 질적 자료
  - 명목척도 자료
  - 순서척도 자료
- 양적 자료
  - 구간척도 자료
  - 비율척도 자료

(1) 명목척도 자료

성별, 혈액형 등과 같이 관심 대상의 특성을 단순히 몇 개의 범주로 분류하여 측정한 자료로서 자료 값 사이의 서열이 없는 자료

(2) 순서척도 자료

생활수준(상, 중, 하), 성적(A, B, C, D, F) 등과 같이 자료 값 사이의 서열이 있는 자료

(3) 구간척도 자료

섭씨 또는 화씨로 측정된 온도, 물가지수 등과 같이 자료 값이 상호 간의 서열뿐만 아니라 의미 있는 차이가 있으나, 0이 없음을 의미하지 않으며 자료 값 사이의 비(ratio)도 의미가 없는 자료

(4) 비율척도 자료

몸무게, 시험성적 등과 같이 자료 값이 상호 간의 서열, 차이, 비율이 의미가 있는 실수로 표현되는 자료

1.4 자료의 정리

표본 조사를 통하여 얻은 자료를 도표나 그래프를 이용하여 정리하고 요약하면 자료의 전체적인 윤곽을 쉽고 빠르게 파악할 수 있다.

1. 4.1 질적 자료의 정리

질적 자료의 경우에는 주로 도수분포표, 막대그래프, 원형그래프 등을 사용한다.

도수(frequency): 각 자료 값이 나타나는 빈도 수
상대도수(relative frequency): 도수를 전체 자료의 크기로 나눈 것

예 1.4.1 우리 대학교 신입생 중에서 50명을 임의로 추출하여 혈액형을 조사하여 다음과 같은 표를 얻었다고 하자.

혈액형의 도수분포표

혈액형	도수	상대도수
A	12	0.24
B	16	0.32
O	14	0.28
AB	8	0.16
합계	50	1.00

(1) 막대그래프

막대그래프는 각 범주별 도수를 같은 폭의 막대로 나타내며, 막대의 높이는 도수의 크기에 비례하여 그려진다.

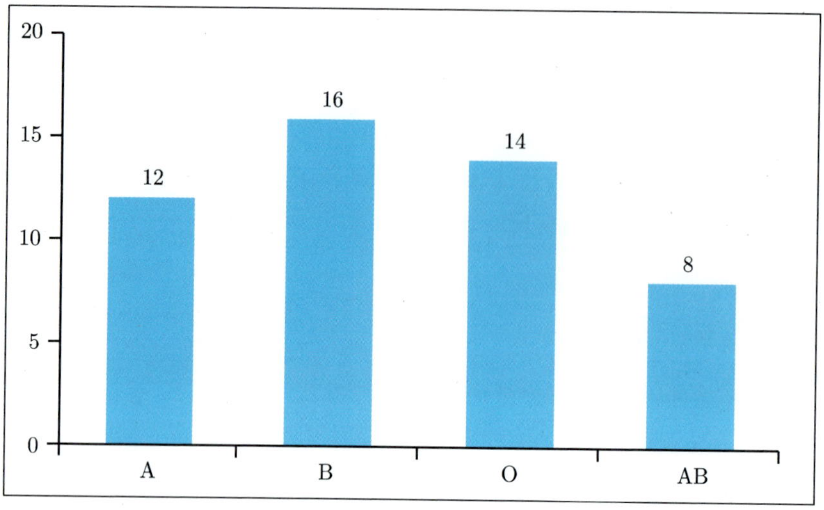

[그림 1.1] 혈액형의 막대그래프

(2) 원형그래프

원형그래프는 원을 그린 다음 범주의 가짓수만큼 조각으로 나뉘는데, 각 조각의 크기는 도수에 비례하게 그려진다.

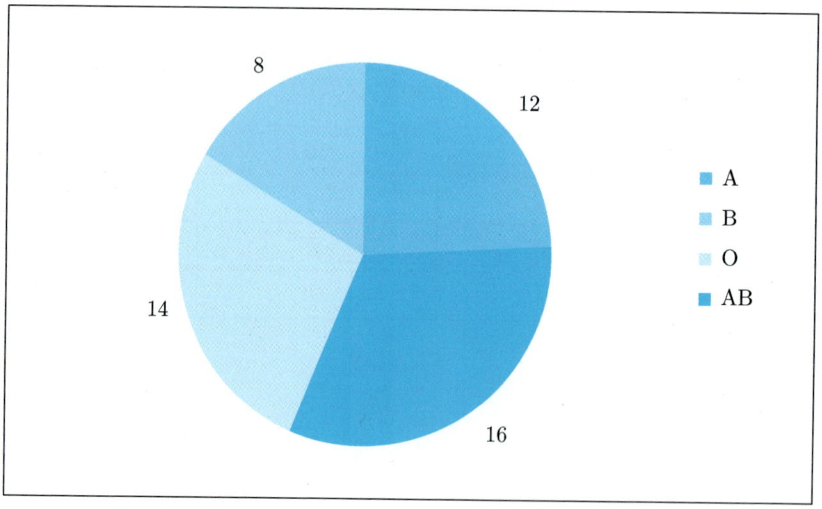

[그림 1.2] 혈액형의 원형그래프

1.4.2 양적 자료의 정리

양적 자료는 나올 수 있는 자료 전체의 집합이 셀 수 있는 (유한 또는 가산무한) 집합이면 **이산형 자료**, 어떤 구간이면 **연속형 자료**라 부른다. 이산형 자료 중에서 각 가정의 자녀 수와 같이 나올 수 있는 자료의 종류가 소수인 경우에는 질적 자료와 같이 정리하면 된다. 나올 수 있는 자료의 종류가 많은 이산형 자료와 연속형 자료는 전체 자료를 몇 개의 구간으로 나누어 범주형 자료화하여 도수분포표를 작성하고 그래프를 그린다. 이때, 범주라는 용어 대신에 **계급**이라는 용어를 사용하고, 나누어진 각 구간을 **계급구간**, 계급구간의 길이를 **계급간격**이라 한다.

(1) 도수분포표

양적 자료의 도수분포표를 작성하는 과정은 대략 다음과 같다.

① 자료의 최댓값과 최솟값을 구하여 범위(=최댓값−최솟값)을 계산한다.

② 자료의 크기에 따라 5∼20개 정도의 계급의 수를 결정한다. 이때, 경험적으로 다음과 같이 계급의 수를 결정하기도 한다.

$$\text{계급의 수 } K = 1 + 3.3\log N \text{ (단, } N\text{은 전체 자료의 수)}$$

③ 계급간격(≒ 범위/계급 수)을 정한다.

④ 모든 관측 값을 포함하여 계급구간의 경계점을 구한 다음 각 계급에 속하는 자료의 개수를 세어 계급의 도수와 상대도수를 구한다.

여기에서, 계급의 수 또는 계급간격을 결정하는 것은 전적으로 자료를 정리하는 사람의 뜻에 달려있다. 계급의 수가 너무 적으면 간단하게 요약할 수 있지만 계급간격이 커져서 많은 정보를 잃게 되고, 반대로 계급의 수가 너무 많으면 계급간격이 작아져서 도수가 0인 계급구간이 나올 수도 있으므로 도수분포표의 의미가 약해질 수도 있다.

예 1.4.2 우리대학교 40명의 학생을 임의로 뽑아서 체중을 측정한 결과가 다음과 같다고 하자.

62	52	49	48	73	72	71	73	48	51
61	56	53	55	77	70	56	72	54	64
58	65	77	59	65	68	63	58	49	68
65	68	66	63	52	75	78	56	66	71

이 자료를 이용하여 도수분포표를 작성해보자.

① 자료의 최댓값 = 78, 최솟값 = 48이므로 범위 = 78 − 48 = 30이다.

② $K = 1 + 3.3\log 40 = 6.28$이므로 계급의 수는 7로 하자.

③ 계급간격 = 30/7 = 4.29이므로 계급간격은 5로 하자.

④ 첫 번째 계급의 시작 값을 45로 하여 도수분포표를 작성하면 다음과 같다.

계급	도수	상대도수
45 이상 ~ 50 미만	4	0.100
50 이상 ~ 55 미만	5	0.125
55 이상 ~ 60 미만	7	0.175
60 이상 ~ 65 미만	5	0.125
65 이상 ~ 70 미만	8	0.200
70 이상 ~ 75 미만	7	0.175
75 이상 ~ 80 미만	4	0.100
합계	40	1.000

(2) 히스토그램

양적 자료의 도수분포표를 바탕으로 그린 막대그래프를 **히스토그램**(histogram)이라고 부른다. 일반적인 막대그래프와 차이점은 각 계급의 막대기가 붙어 있는 것이 특징이다. 히스토그램은 각 계급의 상대도수를 사용하여 전체 막대 내부의 면적이 1이 되도록 그리기도 한다.

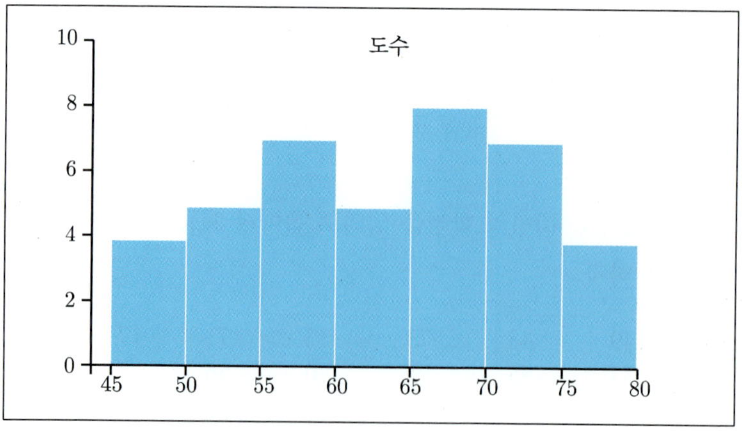

[그림 1.3] 체중에 대한 히스토그램

(3) 도수 다각형

도수 다각형은 히스토그램에서 각 막대의 위 부분의 중간 점을 택하여 직선으로 연결하여 그린 것으로서 자료 값의 변화에 따른 도수의 변화를 파악하기가 용이하다는 장점이 있다.

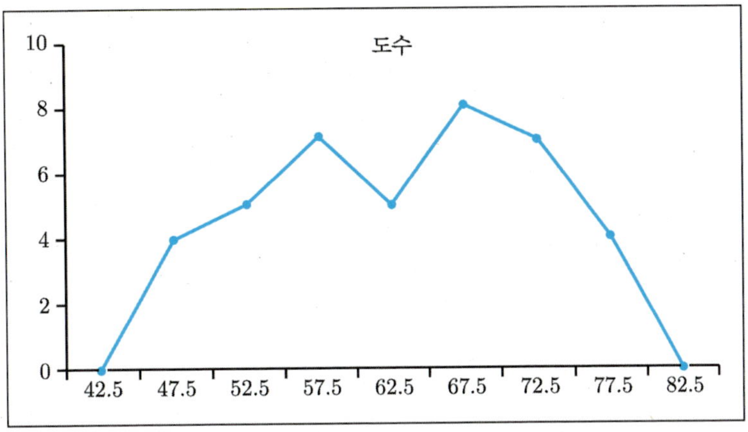

[그림 1.4] 체중에 대한 도수 다각형

(4) 줄기와 잎 그림

줄기와 잎 그림은 먼저 자료의 큰 단위 부분을 선택하여 줄기로 하고 나머지 단위 부분을 잎이라 하여 그림으로 나타내는 방법으로 매우 유용한 탐색방법 중의 하나이다. 예 1.4.2에서 40명의 체중을 줄기와 잎 그림으로 그리려면 10단위를 줄기로 하고 1단위를 잎으로 하여 그리면 다음과 같다.

줄기	잎	도수
4	9 8 8 9	4
5	2 1 6 3 5 6 4 8 9 8 5 2 6	13
6	2 1 4 5 5 8 3 8 8 6 3 6	12
7	3 2 1 3 7 0 2 7 5 8 1	11

각 줄기에 나열된 잎의 값을 크기순으로 다시 배열하면 다음과 같다.

줄기	잎	도수
4	8 8 9 9	4
5	1 2 2 3 4 5 5 6 6 6 8 8 9	13
6	1 2 3 3 4 5 5 6 6 8 8 8	12
7	0 1 1 2 2 3 3 5 7 7 8	11

1.5 기초통계량

앞에서 다룬 도표나 그래프에 의한 자료의 정리는 자료의 전체적인 윤곽을 파악하기에는 효율적이지만, 두 개 이상의 집단에 대한 자료의 특성을 비교·분석하고자 할 때에는 명확한 근거를 제시하지 못한다는 단점이 있다. 따라서 양적 자료인 경우에는 자료의 특성을 객관적으로 나타내주는 수리적인 측도가 필요하다. 자료의 중심 위치를 나타내는 측도로는 평균, 중앙값, 최빈값 등이 있으며, 자료가 중심 위치에서 얼마만큼 떨어져서 분포되었는지를 나타내는 산포도의 측도로는 분산, 백분위수, 변동계수 등이 있다.

1.5.1 중심 위치의 측도

(1) 평균(average, mean)

① 모집단의 자료가 $x_1, \ldots, x_N$일 때 모평균은 다음과 같이 정의된다.

$$\mu = \frac{x_1 + \cdots + x_N}{N} \quad : \text{모평균}$$

② 표본의 자료가 $x_1, \ldots, x_n$일 때 표본평균은 다음과 같이 정의된다.

$$\bar{x} = \frac{x_1 + \cdots + x_n}{n} \quad : \text{표본평균}$$

(2) 중앙값(median)

중앙값은 자료를 크기순으로 나열하였을 때 가운데에 위치하는 값을 말한다. 예를 들어, 5개의 자료를 크기순으로 나열하여 2, 4, 5, 7, 10이면 중앙값은 세 번째 자료가 되어

$$me = 5$$

이고, 6개의 자료를 크기순으로 나열하여 2, 4, 5, 7, 10, 11이면 가운데 위치한 값은 세 번째 5와 네 번째 7의 두 개이므로 중앙값은 5와 7의 평균을 사용하여

$$me = \frac{5+7}{2} = 6$$

으로 정의한다.

일반적으로 n개의 표본자료 $x_1, \dots, x_n$을 작은 것부터 크기순으로 나열하여 $y_1, \dots, y_n$라 할 때,

① n이 홀수이면 중앙값 $me = y_{(n+1)/2}$

② n이 짝수이면 중앙값 $me = \dfrac{y_{n/2} + y_{n/2+1}}{2}$

으로 정의한다.

(3) 최빈값(mode)

최빈값은 도수가 가장 많은 자료 값을 말하며 질적 자료와 양적 자료 모두에 사용된다.

예 1.5.1 다음 표본 자료의 평균, 중앙값, 최빈값을 구하여라.

6, 4, 5, 8, 5, 4, 9, 8, 5, 6

•풀이• ① $\bar{x} = \dfrac{6+4+5+8+5+4+9+8+5+6}{10} = 6$

② 위의 자료를 크기순으로 나열하면

4, 4, 5, 5, 5, 6, 6, 8, 8, 9

이므로 중앙값은 $me = \frac{y_5 + y_6}{2} = \frac{5+6}{2} = 5.5$이다.

③ 4, 5, 6, 8, 9의 도수가 각각 2, 3, 2, 2, 1이므로 최빈값은 $mo = 5$이다.

평균, 중앙값, 최빈값의 관계는 다음과 같이 요약된다.

① 대칭인 경우

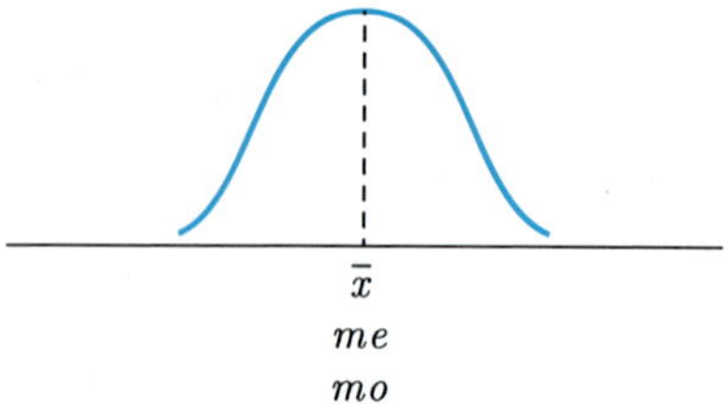

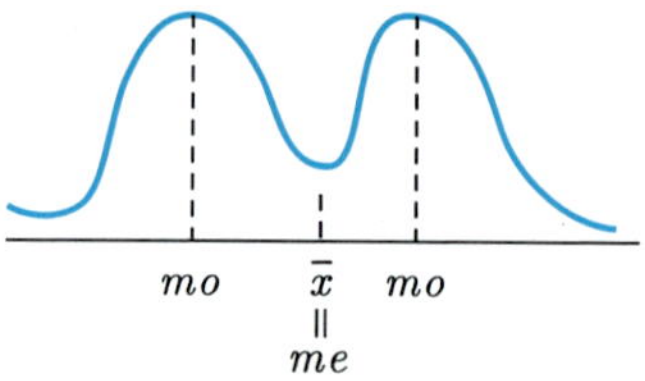

② 오른쪽으로 치우친 분포 (왼쪽 꼬리가 긴 분포)

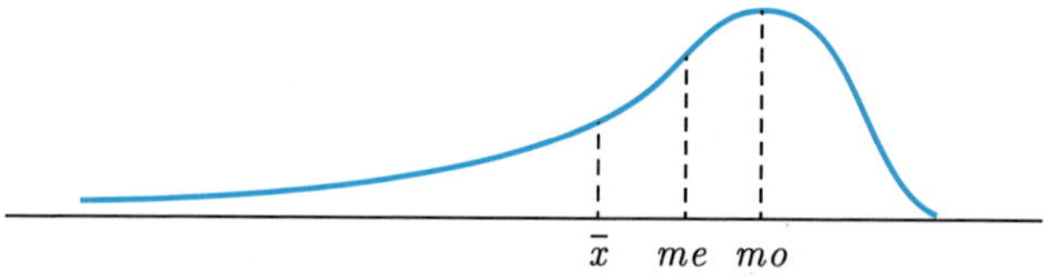

③ 왼쪽으로 치우친 분포 (오른쪽 꼬리가 긴 분포)

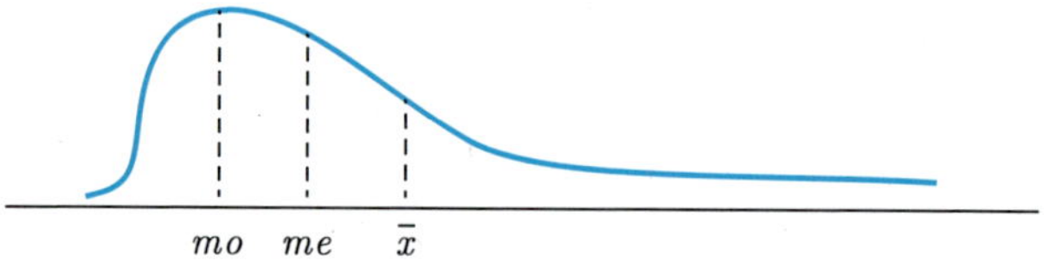

(4) 백분위수(percentile)

n개의 표본자료 값 $x_1, x_2, \cdots, x_n$을 작은 것부터 크기순으로 나열하여

$$y_1, y_2, \cdots, y_n$$

라 할 때, 제k백분위수 P_k는 대략적으로 말해서 P_k 값보다 작거나 같은 자료가 k% 이상

($n\frac{k}{100}$개 이상)이고, P_k 값보다 크거나 같은 자료가 $(100-k)\%$ 이상($n(1-\frac{k}{100})$개 이상)이 되는 값을 말한다. 제k백분위수 P_k는 다음과 같이 계산된다.

① $1+(n-1)\frac{k}{100}=m$이 자연수일 때, $P_k=y_m$

② $1+(n-1)\frac{k}{100}=m+\alpha$($m$은 자연수, $0<\alpha<1$)일 때,

$$P_k=y_m+\alpha(y_{m+1}-y_m)=(1-\alpha)y_m+\alpha y_{m+1}$$

참고▸▸▸

앞에서 정의된 중앙값은 다음과 같이 정리될 수 있다.

ⓐ $\frac{n+1}{2}=1+\frac{n-1}{2}=m$(자연수)이면, 중앙값 $me=y_m$

ⓑ $\frac{n+1}{2}=1+\frac{n-1}{2}=m+0.5$($m$은 자연수)이면, 중앙값은

$$me=y_m+0.5(y_{m+1}-y_m)=\frac{y_m+y_{m+1}}{2}$$

예 1.5.2 다음 줄기와 잎 그림을 보고 제10백분위수, 제60백분위수를 구하여라.

줄기	잎	도수	누적도수
3	2 5 9	3	3
4	5 7 8 9	4	7
5	1 2 4 6 7 7 9	7	14
6	0 0 1 1 3 3 4 5 5 6 6 6 8 9	14	28
7	1 2 3 3 4 5 5 6 6 8 8 9	12	40
8	1 3 4 5 6 8	6	46
9	0 3 5 7	4	50

•풀이• (1) 제10백분위수

$1+(n-1)\dfrac{k}{100}= \ 1+49\times\dfrac{1}{10}=5.9$이므로 제10백분위수는

$P_{10}=y_5+0.9(y_6-y_5) \ = 47+0.9(48-47)= \ 47.9$

(2) 제60백분위수

$1+(n-1)\dfrac{k}{100}= \ 1+49\times\dfrac{6}{10}=30.4$이므로 제60백분위수는

$P_{60}=y_{30}+0.4(y_{31}-y_{30}) \ = 72+0.4(73-72)= \ 72.4$

참고▸▸▸ 엑셀을 활용한 백분위수 계산

(1) 제k백분위수 P_k를 구하기 위한 함수는 다음과 같다.

$$=\text{PERCENTILE(데이터범위, }\frac{k}{100}\text{)}$$

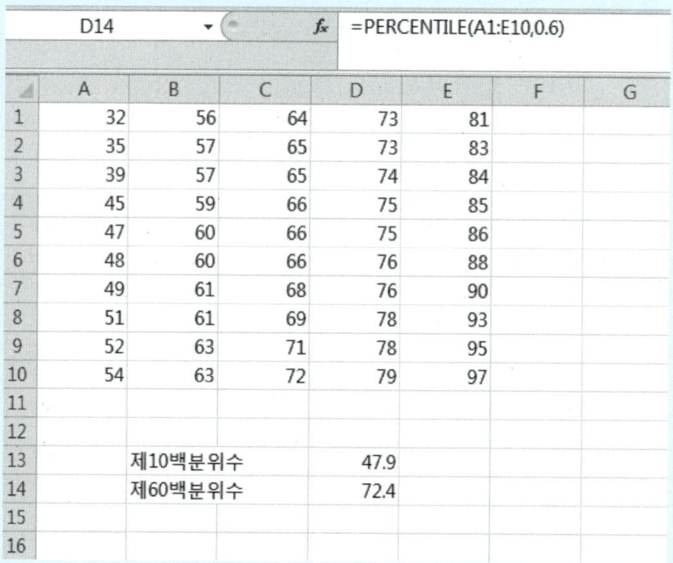

D14   fx =PERCENTILE(A1:E10,0.6)

	A	B	C	D	E	F	G
1	32	56	64	73	81		
2	35	57	65	73	83		
3	39	57	65	74	84		
4	45	59	66	75	85		
5	47	60	66	75	86		
6	48	60	66	76	88		
7	49	61	68	76	90		
8	51	61	69	78	93		
9	52	63	71	78	95		
10	54	63	72	79	97		
11							
12							
13		제10백분위수		47.9			
14		제60백분위수		72.4			
15							
16							

(2) 엑셀의 메뉴 수식 → 함수 더 보기 → 통계에서 함수를 검색하면

PERCENTILE.INC와 PERCENTILE.EXC

가 나온다. 여기에서 PERCENTILE.INC는 PERCENTILE와 동일한 함수이고

PERCENTILE.EXC은 제k백분위수 P_k를 다음과 같이 계산한 것이다.

① $(n+1)\dfrac{k}{100} = m$이 자연수일 때, $P_k = y_m$

② $(n+1)\dfrac{k}{100} = m + \alpha$($m$은 자연수, $0 < \alpha < 1$)일 때,

$$P_k = y_m + \alpha\left(y_{m+1} - y_m\right) = (1-\alpha)y_m + \alpha\, y_{m+1}$$

D14 =PERCENTILE.INC(A1:E10,0.6)

	A	B	C	D	E	F	G
1	32	56	64	73	81		
2	35	57	65	73	83		
3	39	57	65	74	84		
4	45	59	66	75	85		
5	47	60	66	75	86		
6	48	60	66	76	88		
7	49	61	68	76	90		
8	51	61	69	78	93		
9	52	63	71	78	95		
10	54	63	72	79	97		
11							
12							
13		제10백분위수		47.9			
14		제60백분위수		72.4			
15							
16							

D14 =PERCENTILE.EXC(A1:E10,0.6)

	A	B	C	D	E	F	G
1	32	56	64	73	81		
2	35	57	65	73	83		
3	39	57	65	74	84		
4	45	59	66	75	85		
5	47	60	66	75	86		
6	48	60	66	76	88		
7	49	61	68	76	90		
8	51	61	69	78	93		
9	52	63	71	78	95		
10	54	63	72	79	97		
11							
12							
13		제10백분위수		47.1			
14		제60백분위수		72.6			
15							
16							

(5) 사분위수(quartile)

제25백분위수 P_{25}, 제50백분위수 P_{50}, 제75백분위수 P_{75}를 각각 제1사분위수, 제2사분위수, 제3사분위수라고 말하며 Q_1, Q_2, Q_3로 나타낸다. 특히, 제2사분위수 Q_2는 중앙값을 의미한다. 즉, 제k사분위수 Q_k는 다음과 같이 직접 계산된다.

① $1+(n-1)\frac{k}{4}=m$이 자연수일 때, $Q_k=y_m$

② $1+(n-1)\frac{k}{4}=m+\alpha$($m$은 자연수, $0<\alpha<1$)일 때,

$$Q_k=y_m+\alpha(y_{m+1}-y_m)=(1-\alpha)y_m+\alpha y_{m+1}$$

예 1.5.3 예 1.5.2의 자료에서 제1사분위수, 제3사분위수를 구하여라.

•풀이• (1) 제1사분위수

$1+(n-1)\frac{k}{4}=1+49\times\frac{1}{4}=13.25$이므로 제1사분위수는

$$Q_1=y_{13}+0.25(y_{14}-y_{13})=57+0.25(59-57)=57.5$$

(2) 제3사분위수

$1+(n-1)\frac{k}{4}=1+49\times\frac{3}{4}=37.75$이므로 제3사분위수는

$$Q_3=y_{37}+0.75(y_{38}-y_{37})=76+0.75(78-76)=77.5$$

참고▸▸▸ 엑셀을 활용한 사분위수 계산

(1) $Q_1=P_{25}$, $Q_3=P_{75}$이므로 백분위수 계산 공식을 사용하여 구할 수 있다.

(2) 제k사분위수 Q_k를 구하기 위한 함수는 다음과 같다.

=QUARTILE(데이터범위, k)

D13	=QUARTILE(A1:E10,1)					
	A	B	C	D	E	F
1	32	56	64	73	81	
2	35	57	65	73	83	
3	39	57	65	74	84	
4	45	59	66	75	85	
5	47	60	66	75	86	
6	48	60	66	76	88	
7	49	61	68	76	90	
8	51	61	69	78	93	
9	52	63	71	78	95	
10	54	63	72	79	97	
11						
12						
13		제1사분위수		57.5		
14		제3사분위수		77.5		
15						

(3) 엑셀의 메뉴 수식 → 함수 더 보기 → 통계에서 함수를 검색하면

QUARTILE.INC와 QUARTILE.EXC

가 나온다. 여기에서 QUARTILE.INC는 QUARTILE과 동일한 함수이고 QUARTILE.EXC은 제k사분위수 Q_k를 다음과 같이 계산한 것이다.

① $(n+1)\frac{k}{4} = m$이 자연수일 때, $Q_k = y_m$

② $(n+1)\frac{k}{4} = m + \alpha$($m$은 자연수, $0 < \alpha < 1$)일 때,

$$Q_k = y_m + \alpha(y_{m+1} - y_m) = (1-\alpha)y_m + \alpha y_{m+1}$$

D14 =QUARTILE.INC(A1:E10,3)

	A	B	C	D	E	F
1	32	56	64	73	81	
2	35	57	65	73	83	
3	39	57	65	74	84	
4	45	59	66	75	85	
5	47	60	66	75	86	
6	48	60	66	76	88	
7	49	61	68	76	90	
8	51	61	69	78	93	
9	52	63	71	78	95	
10	54	63	72	79	97	
11						
12						
13		제1사분위수		57.5		
14		제3사분위수		77.5		
15						
16						

D13 =QUARTILE.EXC(A1:E10,1)

	A	B	C	D	E	F
1	32	56	64	73	81	
2	35	57	65	73	83	
3	39	57	65	74	84	
4	45	59	66	75	85	
5	47	60	66	75	86	
6	48	60	66	76	88	
7	49	61	68	76	90	
8	51	61	69	78	93	
9	52	63	71	78	95	
10	54	63	72	79	97	
11						
12						
13		제1사분위수		57		
14		제3사분위수		78		

1.5.2 산포도의 측도

(1) 분산(variance)과 표준편차(standard deviation)

분산과 표준편차는 자료가 평균에서 얼마만큼 떨어져 분포되어 있는지를 측정하는 측도로서 가장 많이 사용된다.

n개의 자료 값 $x_1, \cdots, x_n$에 대하여 편차(자료 값과 평균 $\bar{x}$와의 차이)는 $x_1 - \bar{x}, \cdots, x_n - \bar{x}$이다. 이 편차들의 합은

$$\sum_{i=1}^{n}(x_i - \bar{x}) = \sum_{i=1}^{n} x_i - n\bar{x} = 0$$

이므로 편차의 평균은 항상 0이 되어 산포도의 측도로서 의미가 없다. 따라서 편차의 합 대신에 편차의 제곱의 합을 사용하는 방법이 주로 사용되고 있는데, 주어진 자료가 모집단 전체의 자료인 경우는 모분산이라 부르고 σ^2으로 나타내며, 표본인 경우는 표본분산이라 부르고 s^2으로 나타내며 다음과 같이 약간 다르게 정의한다.

① 모집단의 자료가 $x_1, \cdots, x_N$일 때 모분산은 다음과 같이 정의한다.

$$\sigma^2 = \frac{1}{N}\sum_{i=1}^{N}(x_i - \mu)^2 \ : \text{모분산}$$

② 표본의 자료가 $x_1, \ldots, x_n$일 때 표본분산은 다음과 같이 정의한다.

$$s^2 = \frac{1}{n-1}\sum_{i=1}^{n}(x_i - \bar{x})^2 \ : \text{표본분산}$$

여기서, 표본분산을 계산할 때 $n-1$을 사용하는 이유는 7장에서 설명하기로 한다.

표준편차는 분산의 제곱근으로 정의되며, 특별한 언급이 있는 경우를 제외하고, 통계에서 다루는 자료는 표본으로 간주하여 처리한다.

예 1.5.4 다음 자료의 분산과 표준편차를 구하여라.

8, 5, 6, 4, 10, 9

•풀이• $\sum_{i=1}^{6} x_i = 42$이므로 평균 $\bar{x} = 42/6 = 7$이다.

$\sum_{i=1}^{6}(x_i - \bar{x})^2 = 1+4+1+9+9+4 = 28$이므로

분산 $s^2 = 28/5 = 5.6$이고 표준편차 $s = \sqrt{5.6} = 2.366$이다.

참고▸▸▸

$$\sum_{i=1}^{n}(x_i-\bar{x})^2=\sum_{i=1}^{n}x_i^2-2\bar{x}\sum_{i=1}^{n}x_i+n\bar{x}^2$$
$$=\sum_{i=1}^{n}x_i^2-n\bar{x}^2$$

을 위 예제에 적용하면

$$\bar{x}=7,\ \sum_{i=1}^{6}x_i^2=322$$

이므로 $\sum_{i=1}^{6}(x_i-\bar{x})^2=322-6\times 7^2=28$이다.

(2) 범위(range)와 사분위 범위(interquartile range)

범위는 자료의 최댓값과 최솟값의 차이를 말한다. 범위는 계산하기에는 편리하지만 두 극단적인 값만을 사용하기 때문에 자료에 대한 충분한 정보를 제공하지 못하는 단점을 갖고 있다. 이러한 단점을 일부 보완하여 사분위 범위가 사용된다.

$$\text{사분위범위 IQR} = \text{제3사분위수} - \text{제1사분위수}$$
$$= Q_3 - Q_1$$

(3) 변동계수(coefficient of variation)

두 집단의 자료에 대한 변동을 비교할 때 표준편차가 주로 사용된다. 그런데 평균이 서로 다른 두 집단을 비교할 때, 단순히 표준편차의 크기로만 비교하는 데는 한계가 있으므로 상대적인 비교를 할 필요가 있다. 이를 위하여 사용되는 것이 변동계수이며 다음과 같이 정의된다.

$$\text{변동계수 } CV = \frac{s}{\bar{x}}$$

(4) 상자그림(box plot)

자료 중에는 대부분의 다른 자료 값들보다 월등히 크거나 작은 값들이 나타나는 경우가 있는데, 그런 자료 값들을 이상점(outliers)이라고 한다. 상자그림은 자료의 최솟값, 제1사분위수, 중앙값, 제3사분위수, 최댓값의 다섯 숫자로서 자료를 요약하여 그림으로 그리고 이상점을 표시하는 것을 말하며, 상자그림을 그리는 과정은 다음과 같다.

① 사분위수 Q_1, Q_2, Q_3를 구한다.

② Q_1과 Q_3를 네모상자로 연결하고, 중앙값 Q_2 위치에 수직선을 긋는다.

③ 사분위 범위 $IQR = Q_3 - Q_1$을 계산한다.

④ 네모상자 양끝에서 $1.5 \times IQR$ 크기의 범위 안에 포함되는 최댓값과 최솟값을 Q_1과 Q_3로부터 각각 선으로 연결한다.

⑤ 양끝 경계를 벗어나는 자료 값들은 *로 표시하고, 이상점으로 판정한다.

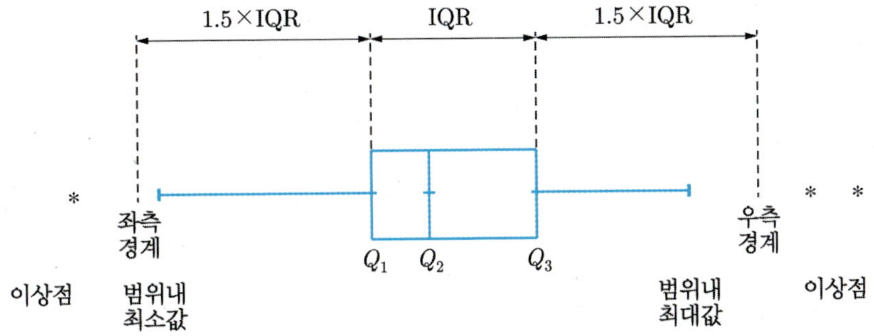

[그림 1.5] 상자그림

예 1.5.5 예 1.5.2의 자료에서 상자그림을 그리면 다음과 같다.

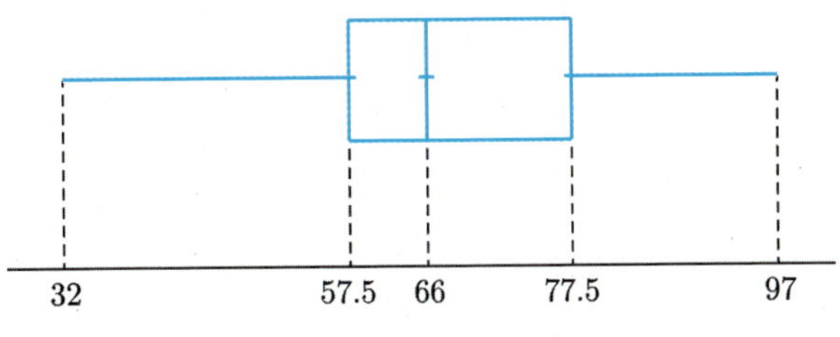

1.5.3 집단화된 자료

주어진 자료가 개개의 자료가 아니고 도수분포표로 정리되어 집단화된 상태로 주어진 경우에 기초통계량을 구하는 방법에 대하여 알아보자.

(1) 평균과 분산

다음의 도수분포표에서 평균과 분산을 구하는 문제를 생각해보자.

계급	계급값	도수
47.5 ~ 52.5	50	4
52.5 ~ 57.5	55	4
57.5 ~ 62.5	60	7
62.5 ~ 67.5	65	6
67.5 ~ 72.5	70	7
72.5 ~ 77.5	75	8
77.55 ~ 82.5	80	4
합계		40

각각의 자료 값은 정확히 모르기 때문에 각 계급구간의 모든 자료 값은 그 계급구간의 중간 값인 계급값을 가지는 것으로 생각하여 평균과 분산을 구하면 된다. 이때, 평균과 분산은 다음과 같다.

$$\bar{x} = \frac{50 \times 4 + 55 \times 4 + \cdots + 80 \times 4}{40} = 66$$

$$s^2 = \frac{(50-66)^2 \times 4 + (55-66)^2 \times 4 + \cdots + (80-66)^2 \times 4}{40-1}$$

$$= \frac{3310}{39} = 84.87$$

일반적으로 도수분포표로 정리된 형태로 집단화된 자료의 평균과 분산은 다음과 같다.

계급값	x_1	$\cdots$	x_k	합계
도수	f_1	$\cdots$	f_k	n

평균 $\bar{x} = \frac{1}{n}\sum_{i=1}^{k} x_i f_i$

분산 $s^2 = \frac{1}{n-1}\sum_{i=0}^{k}(x_i - \bar{x})^2 f_i = \frac{1}{n-1}[\sum_{i=1}^{k} x_i^2 f_i - n\bar{x}^2]$

(2) 중앙값과 사분위수

도수분포표로 정리된 자료의 백분위수와 사분위수를 구하려면 각 계급의 누적도수를 구해야 한다. 예를 들어, 주어진 자료가 다음과 같다고 하자.

계급	도수	누적도수
47.5 ~ 52.5	4	4
52.5 ~ 57.5	4	8
57.5 ~ 62.5	7	15
62.5 ~ 67.5	6	21
67.5 ~ 72.5	7	28
72.5 ~ 77.5	8	36
77.55 ~ 82.5	4	40

전체 자료의 수가 40개이므로 중앙값은 $1+\frac{n-1}{2}=20.5$번째 자료 값이 된다. 그러나 집단화된 자료에서는 각각의 자료 값을 사용하지 않기 때문에 정확한 중앙값을 구할 수 없다. 따라서 $\frac{n}{2}$번째인 20번째의 자료 값을 중앙값으로 구해야 하는데, 이것은 4번째 계급구간에 속하게 된다. 이제, 이 계급구간에 속하는 6개의 자료들이 시작점인 62.5부터 일정한 간격으로 분포되어 있다고 가정하면, 중앙값은 그 계급구간의 5번째 자료 값이므로

$$\text{중앙값} = 62.5+(67.5-62.5)\times\frac{5}{6}=66.67$$

이다. 이와 같은 방법으로 중앙값, 사분위수, 백분위수를 구할 수 있는데 일반적인 공식은 다음과 같다.

n : 전체 자료 수
L : 중앙값(또는 사분위수/백분위수)이 속하는 계급구간의 하한
w : 중앙값(또는 사분위수/백분위수)이 속한 계급구간의 폭
f : 중앙값(또는 사분위수/백분위수)이 속한 계급구간의 도수
F : 중앙값(또는 사분위수/백분위수)이 속한 계급구간 이전까지의 누적도수

이면

중앙값 $me = L + (\frac{n}{2} - F)\frac{w}{f}$

제k사분위수 $Q_k = L + (n \times \frac{k}{4} - F)\frac{w}{f}$

제k백분위수 $P_k = L + (n \times \frac{k}{100} - F)\frac{w}{f}$

예 1.5.6 위의 도수분포표에서 제1사분위수와 제3사분위수를 구하여라.

•풀이• (1) 제1사분위수

$n \times \frac{1}{4} = 40 \times 0.25 = 10$이므로 제1사분위수는

$$Q_1 = 57.5 + (10 - 8) \times \frac{5}{7} = 58.93$$

(2) 제3사분위수

$n \times \frac{3}{4} = 40 \times 0.75 = 30$이므로 제3사분위수는

$$Q_3 = 72.5 + (30 - 28) \times \frac{5}{8} = 73.25$$

1.5.4 분포의 모양

주어진 자료의 분포 형태를 나타내는 척도로 비대칭 정도를 나타내는 왜도(skewness)와 분포의 뾰족한 정도를 나타내는 첨도(kurtosis)를 사용한다.

(1) 모집단 자료의 왜도와 첨도

모집단의 자료가 $x_1, \cdots, x_N$일 때 왜도(γ_1)와 첨도(γ_2)는 다음과 같이 정의된다.

$$\gamma_1 = \frac{1}{N}\sum_{i=1}^{N}\left(\frac{x_i - \mu}{\sigma}\right)^3, \quad \gamma_2 = \frac{1}{N}\sum_{i=1}^{N}\left(\frac{x_i - \mu}{\sigma}\right)^4 - 3$$

첨도에서 3을 빼지 않으면 4장에서 다루게 될 정규분포의 첨도가 3이 나온다. 따라서 정

규분포곡선과 첨도를 비교하기 위하여 3을 빼고 계산한다.

(2) 표본 자료의 왜도와 첨도

표본의 자료가 $x_1, \dots, x_n$일 때 왜도(g_1)와 첨도(g_2)는 다음과 같이 정의된다.

$$g_1 = \frac{n}{(n-1)(n-2)} \sum_{i=1}^{n} \left(\frac{x_i - \overline{x}}{s} \right)^3$$

$$g_2 = \frac{n(n+1)}{(n-1)(n-2)(n-3)} \sum_{i=1}^{n} \left(\frac{x_i - \overline{x}}{s} \right)^4 - \frac{3(n-1)^2}{(n-2)(n-3)}$$

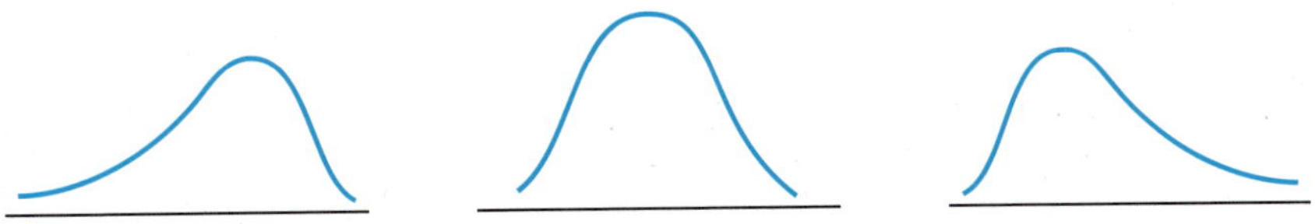

왜도가 음수일 때 왜도가 0일 때 왜도가 양수일 때

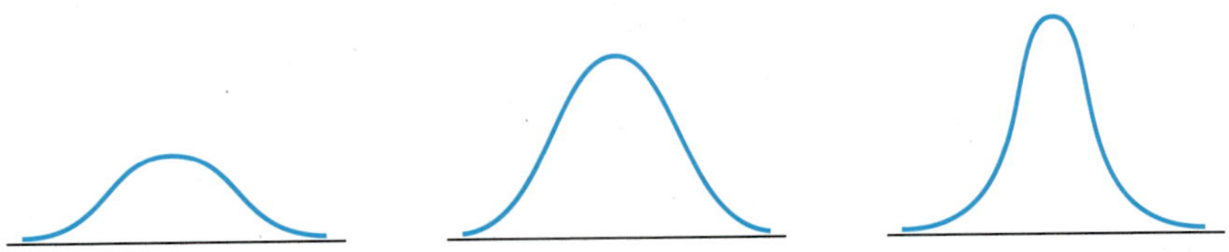

첨도가 음수일 때 첨도가 0일 때 첨도가 양수일 때

1.5.5 엑셀을 이용한 기초통계량 분석

엑셀의 분석 도구 메뉴에서 기술 통계법을 사용하면 모든 기초통계량을 동시에 구할 수 있다. 기술 통계법을 사용하려면 추가 기능을 실행해야 하는데, 절차는 다음과 같다.

(1) 파일 → 옵션 → 추가 기능에서 분석 도구를 선택한다.

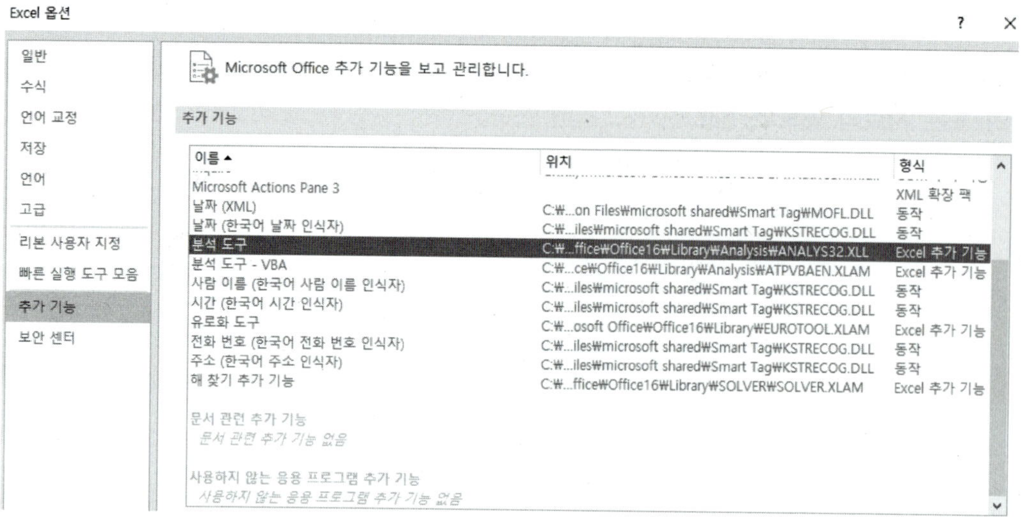

(2) 사용 가능한 추가 기능 대화상자에서 분석 도구를 체크하고 확인을 누른다.

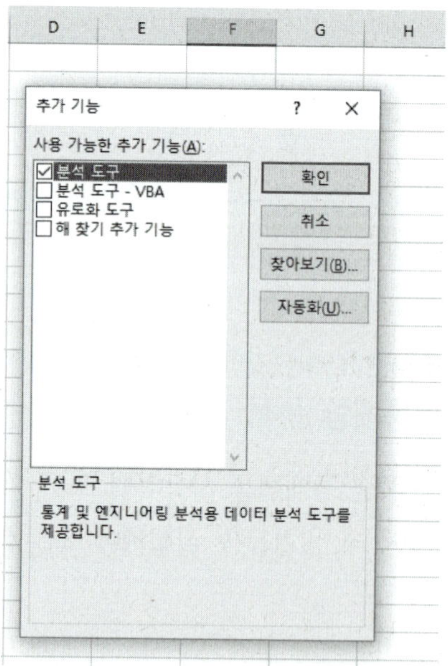

이제 예 1.5.2의 자료를 엑셀의 기술 통계법을 사용하여 기초통계량을 구해보자.

(1) 자료를 하나의 열(또는 행)에 입력하고 데이터 → 데이터 분석 → 기술 통계법을 선택한다.

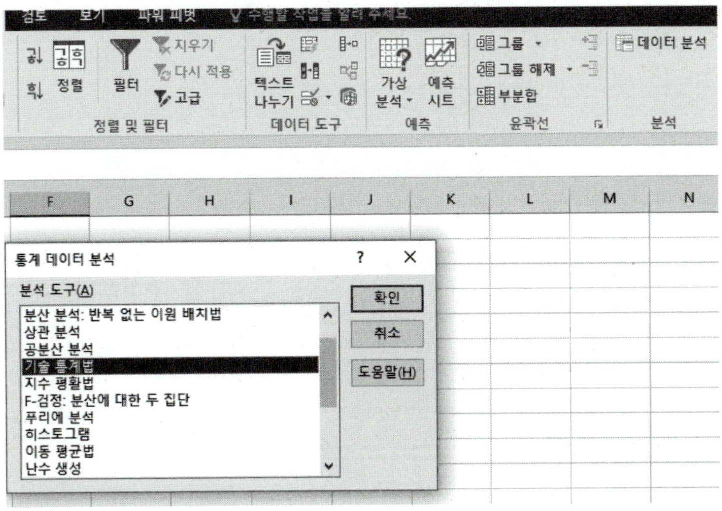

(2) 입력 범위는 데이터 범위를 드래그하여 지정하고, 데이터 방향은 열(또는 행)을 선택한다.

① 데이터 범위 첫째 행에 자료명이 포함되어 있으면 첫째 행 이름표 사용에 체크하고, 그렇지 않으면 체크하지 않는다.

② 작업 중인 시트에 출력을 원하면 출력 범위를 선택하여 위치를 지정해주고, 그렇지 않으면 새로운 워크시트를 선택한다.

③ 요약 통계량부터 아래 끝까지 선택한다.(평균에 대한 신뢰수준은 7장에서 다룬다)

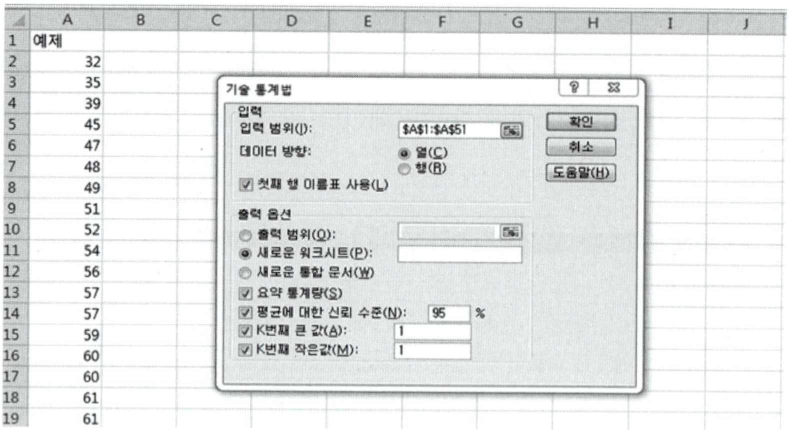

(3) 최종적으로 확인을 누르면 다음과 같이 요약 통계량이 출력된다.

	A	B	C	D
1	예제			
2				
3	평균	67.2		
4	표준 오차	2.162387192		
5	중앙값	66		
6	최빈값	66		
7	표준 편차	15.29038647		
8	분산	233.7959184		
9	첨도	-0.296769524		
10	왜도	-0.18057802		
11	범위	65		
12	최소값	32		
13	최대값	97		
14	합	3360		
15	관측수	50		
16	가장 큰 값(1)	97		
17	가장 작은 값(1)	32		
18	신뢰 수준(95.0%)	4.345479754		
19				
20				

연습문제

1. 다음 표본자료에서 평균, 중앙값, 제1사분위수, 제3사분위수, 분산을 구하여라.

   (1) 6, 4, 5, 8, 5, 4, 9, 8, 5

   (2) 9, 7, 8, 6, 9, 12, 11, 5, 9, 10

2. 다음 도수분포표에서 평균, 중앙값, 분산, 제1사분위수, 제3사분위수를 구하여라.

(1)

번호	계급구간	도수
1	20～30	5
2	30～40	7
3	40～50	12
4	50～60	10
5	60～70	6

(2)

번호	계급구간	도수
1	5～15	2
2	15～25	5
3	25～35	8
4	35～45	9
5	45～55	5
6	55～65	6

3. 다음은 우리대학교 50명의 학생에 대한 통계학 성적이다.

93	77	67	52	83	66	84	59	63	72
75	97	84	73	81	42	61	51	91	87
34	54	71	47	65	57	79	90	83	70
58	69	82	76	71	60	38	81	74	69
68	76	85	58	45	73	75	42	93	65

   (1) 도수분포표를 작성하여라.

   (2) 도수분포표를 사용하여 평균, 중앙값, 분산, 제1사분위수, 제3사분위수를 구하여라.

확률 2장

2.1 표본공간과 사건

우리는 미지의 모집단에 대한 특성을 알아내기 위하여 조사 또는 실험을 통해 표본을 추출하고 유용한 정보를 얻어낸 다음, 이 정보를 근거로 모집단에 대한 추론을 한다. 이때 표본을 추출하는 과정에서 항상 동일한 관측 값이 나오는 것이 아니라 표본을 추출할 때마다 서로 다른 관측 값이 나오는 현상이 발생한다. 이러한 현상을 랜덤현상 또는 우연적 현상이라고 부르는데, 이것을 이해하기 위해 필요한 개념이 확률이다.

결과가 우연에 의해 지배되는 실험이 다음과 같은 성질을 만족할 때, '**확률실험**(random experiment)' 또는 '**시행**(trial)'이라 한다.

(1) 시행의 결과는 두 가지 이상의 관측 값을 갖는다.

(2) 시행의 결과를 시행 전에는 알 수 없으나, 출현 가능한 모든 결과들의 모임은 시행 전에 알 수 있다.

(3) 같은 조건하에서 반복시행이 가능하다.

확률실험으로부터 출현 가능한 모든 결과들의 모임을 '**표본공간**(sample space)'이라 하고, S로 표시한다. 관심이 있는 결과들로 이루어진 표본공간의 부분집합을 '**사건**(event)'이라 하고, 영어 대문자 A, B, ⋯로 나타낸다. 시행의 결과가 사건 A의 원소이면 우리는 사건 A가 일어났다고 말한다.

표본공간을 구성하는 시행의 결과를 '표본점(sample point)', 오직 하나의 표본점으로 이루어지는 사건을 '근원사건(elementary event)', 표본공간의 표본점의 개수가 유한(finite)이면 유한표본공간, 무한(infinite)이면 무한표본공간이라 한다. 특히, 표본점의 개수가 유한 또는 가산무한(countably infinite)일 때, '이산표본공간(discrete sample space)'이라 한다.

참고▸▸▸ 모집단과 표본공간의 차이점

모집단의 자료가 1, 1, 2, 3, 3일 때, 모집단에서 하나의 자료를 임의로 선택하는 실험에서 표본공간은 $S=\{1,\ 2,\ 3\}$이고 두 개의 자료를 임의로 선택하는 실험에서 표본공간은 다음과 같다.

$$S=\{(1,\ 1),\ (1,\ 2),\ (1,\ 3),\ (2,\ 1),\ (2,\ 3),\ (3,\ 1),\ (3,\ 2),\ (3,\ 3)\}$$

예 2.1.1 동전의 앞면(head)과 뒷면(tail)을 각각 H, T로 나타내기로 하자. 동전을 두 번 던지는 시행에서 표본공간은

$$S=\{\mathrm{HH},\ \mathrm{HT},\ \mathrm{TH},\ \mathrm{TT}\}$$

이고,

$A=\{\mathrm{HH}\}$는 두 번 모두 앞면이 나오는 사건

$B=\{\mathrm{HT},\ \mathrm{TH}\}$는 앞면이 한 번 나오는 사건

$C=\{\mathrm{HH},\ \mathrm{HT},\ \mathrm{TH}\}$는 적어도 한 번 앞면이 나오는 사건

예 2.1.2 주사위를 두 번 던지는 시행에서 표본공간은

$$S=\{(i,\ j): i,\ j=1,\ 2,\ 3,\ 4,\ 5,\ 6\}$$

이고, $A=\{(i\ ,j): i+j=6\}=\{(1,\ 5),\ (2,\ 4),\ (3,\ 3),\ (4,\ 2),\ (5,\ 1)\}$는 두 눈의 합이 6인 사건이다.

예 2.1.3 주사위를 반복적으로 던지는 시행에서 처음으로 6이 나올 때까지의 시행횟수를 관찰하는 실험에서 표본공간은

$$S=\{1,\ 2,\ 3,\ \cdots\}$$

이고 $A=\{1,\ 2,\ 3\}$은 3회 시행 이내에 6이 나오는 사건이다.

예 2.1.4 전구를 생산하는 회사에서 전구의 수명을 관찰하는 실험에서 표본공간은

$$S=[0,\ \infty)$$

이고, $A=[10,\ \infty)$는 전구의 수명이 10시간 이상인 사건이다.

사건은 표본공간 S의 부분집합으로 정의하였으므로 S를 전체집합으로 한 집합의 연산을 사용하여 합사건, 곱사건, 여사건 등을 정의한다.

(1) 합사건(union)

$A \cup B = \{s \in S | s \in A \text{ or } s \in B\}$: A 또는 B가 일어나는 사건

(2) 곱사건(intersection)

$A \cap B = \{s \in S | s \in A \text{ and } s \in B\}$: A와 B가 동시에 일어나는 사건

(3) 여사건(complement)

$A^c = \{s \in S | s \notin A\}$: A가 일어나지 않는 사건

(4) 카테시안 곱(Cartesian Product)

$A \times B = \{(a, b) | a \in A, b \in B\}$: A와 B가 순차적으로 일어나는 사건

2.2 확률의 정의

2.2.1 고전적 확률

확률은 어떤 사건이 일어날 가능성을 나타내는 수치적 측도이다. 확률의 시초는 17세기 중엽에 프랑스 수학자 파스칼(Pascal)과 페르마(Fermat)가 도박에 걸린 상금 배분 문제에 관하여 서신을 통한 의견 교환에서 비롯되었고 베르누이(Bernoulli)와 드 무아브르(de Moivre)에 의하여 대수의 법칙(laws of large numbers)과 중심극한정리 등에 관한 많은 진전을 이루었으며, 18세기에 와서 라플라스(Laplace)가 고전적 확률에 관한 이론을 집대성하였다. 고전적 확률은 유한표본공간에서 각 표본점이 일어날 가능성이 모두 같다는 조건하에서 다음과 같이 정의된다.

정의 2.2.1 **고전적 확률**

S가 N개의 표본점으로 이루어진 유한표본공간이고 각 표본점이 일어날 가능

성이 모두 같다고 하자. A가 k개의 표본점으로 이루어진 사건일 때

$$P(A)=\frac{k}{N}$$

를 사건 A가 일어날 확률 또는 간단히 사건 A의 확률이라고 한다.

예 2.2.1 동전을 3회 던지는 시행에서 앞면이 2회 나올 확률을 구하여라.

•풀이• 동전을 3회 던지는 시행에서 표본공간은

$$S=\{\text{HHH, HHT, HTH, HTT, THH, THT, TTH, TTT}\}$$

이고 앞면이 2회 나오는 사건은 $A=\{\text{HHT, HTH, THH}\}$이므로 구하고자 하는 사건의 확률은

$$P(A)=\frac{3}{8}$$

위 예제와 같이 표본공간의 크기가 작은 경우에는 사건 A의 확률을 직접적으로 구하는 것이 가능하다. 그러나 표본공간의 크기가 클 경우에는 확률을 직접 구하는 것이 불가능하다.

사건 A에 속한 표본점의 개수를 $n(A)$ 또는 $|A|$로 나타내고 사건 A가 일어나는 경우의 수라고 한다. 따라서

$$P(A)=\frac{A\text{가 일어나는 경우의 수}}{\text{전체 경우의 수}}$$

가 되므로 경우의 수를 계산하는 방법을 알게 되면 고전적 확률 계산이 편리해진다. 여기에서는 경우의 수 계산법에 대하여 간단하게 소개하기로 한다.

정리 2.2.2 **합의 법칙과 곱의 법칙**

(1) 합의 법칙

$|A|=n$, $|B|=m$이고 $A\cap B=\varnothing$이면 $|A\cup B|=n+m$

(2) 곱의 법칙

$|A|=n$, $|B|=m$이면 $|A\times B|=nm$

이제, 세 문자 a, b, c를 일렬로 나열하는 경우의 수를 구해보자. a, b, c를 일렬로 나열하는 경우는

$$abc,\ acb,\ bac,\ bca,\ cab,\ cba$$

으로 6가지이다. 이것을 그림으로 나타내면 다음과 같다.

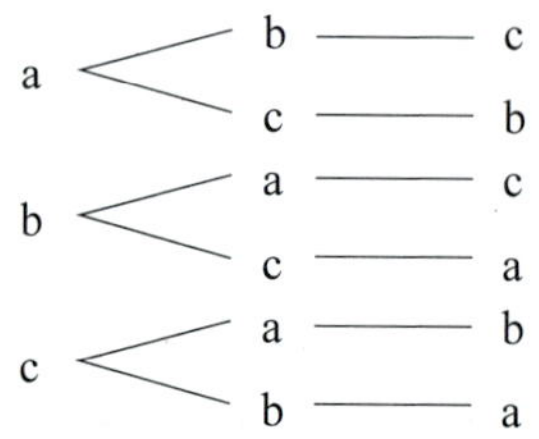

그림에서 보인 바와 같이, 처음에 나올 수 있는 경우가 3가지이고. 3가지 각각의 경우에 두 번째 나올 수 있는 경우가 2가지, 세 번째로 나올 수 있는 경우가 1가지이므로 곱의 법칙에 의하여

$$3\times 2\times 1 = 6\text{가지}$$

이다.

일반적으로, 서로 다른 n개를 일렬로 나열하는 경우의 수는

$$n\times(n-1)\times(n-2)\times\cdots\times 2\times 1$$

이고, 이것을 $n!$로 나타내고 'n 팩토리얼(factorial)'이라고 읽는다.

이제, a, b, c, d, e에서 3개를 선택하여 일렬로 나열하는 경우의 수를 구하면 처음에 나올 수 있는 경우가 5가지이고, 5가지 각각의 경우에 두 번째 나올 수 있는 경우가 4가지, 다음으로 세 번째 나올 수 있는 경우가 3가지이므로 구하고자 하는 경우의 수는

$$5\times 4\times 3 = 60$$

이다. 일반적으로 서로 다른 n개에서 $k(0 < k \le n)$개를 선택하여 일렬로 나열하는 것을 순열(permutation)이라 하고, 순열이 생기는 경우의 수를 ${}_nP_k$로 나타내면

$$\begin{aligned} {}_nP_k &= n \times (n-1) \times (n-2) \times \cdots \times (n-k+1) \\ &= \frac{n!}{(n-k)!} \end{aligned}$$

이다. 여기에서 ${}_nP_k$는 n개에서 k개를 택하는 순열의 수라 부르는데, ${}_nP_n = n!$이므로 윗식에 $k = n$을 대입하면

$${}_nP_n = \frac{n!}{0!} = n!$$

가 된다. 따라서 $0! = 1$로 정의한다.

정리 2.2.3

순열의 수

서로 다른 n개에서 $k(0 \le k \le n)$개를 선택하는 순열의 수는

$$\begin{aligned} {}_nP_k &= n \times (n-1) \times (n-2) \times \cdots \times (n-k+1) \\ &= \frac{n!}{(n-k)!} \end{aligned}$$

순열은 서로 다른 n개에서 k개를 선택하여 일렬로 나열하는 것이므로 순서를 중요하게 고려한다. 서로 다른 n개에서 순서는 고려하지 않고 k개를 선택하는 것은 조합(combination)이라고 한다. 즉, 조합은 k개를 선택만 하는 것이고, 순열은 선택된 k개를 나열까지 하는 것이 다르다. 따라서 서로 다른 n개에서 k개를 선택하는 조합의 수를 ${}_nC_k$로 나타내면, 선택된 k개를 나열하는 경우의 수가 $k!$이므로 곱의 법칙에 의하여

$${}_nC_k \times k! = {}_nP_k$$

이다. 따라서 다음의 정리가 성립한다.

정리 2.2.4

조합의 수

서로 다른 n개에서 k개를 선택하는 조합의 수는

$$_nC_k = \frac{_nP_k}{k!} = \frac{n!}{k!(n-k)!}$$

통상적으로, 기호 $_nC_k$ 대신에 기호$\binom{n}{k}$을 많이 사용하므로 이 책에서도 후자의 기호를 사용하기로 한다.

예 2.2.2 20명으로 구성된 소모임에서 다음을 구하여라.

(1) 회장, 부회장, 총무 3명을 뽑는 경우의 수

(2) 대의원 3명을 뽑는 경우의 수

•풀이• (1) 20명 중에서 회장, 부회장, 총무 3명을 뽑는 경우는 선택된 3명이 누가 회장, 부회장, 총무를 맡는가에 따라서 다른 경우가 되므로 순열이다. 따라서 구하고자 하는 경우의 수는

$$_{20}P_3 = 20 \times 19 \times 18 = 6840$$

(2) 20명 중에서 대의원 3명을 뽑는 경우는 선택된 3명의 순서가 다르더라도 같은 경우이므로 조합이다. 따라서 구하고자 하는 경우의 수는

$$\binom{20}{3} = \frac{20!}{3!17!} = \frac{20 \times 19 \times 18}{3 \times 2 \times 1} = 1140$$

정리 2.2.5 **조합의 수에 관한 정리**

(1) $\binom{n}{0} = 1, \ \binom{n}{n} = 1$

(2) $\binom{n}{k} = \binom{n}{n-k}$

(3) $\binom{n}{k} = \binom{n-1}{k-1} + \binom{n-1}{k}$

여기에서, (2)는 서로 다른 n개에서 k개를 선택하면 $n-k$개가 남겨지므로 n개에서 k개를 선택하는 경우의 수와 남겨진 $n-k$개를 선택하는 경우의 수가 같다는 것을 의미한다.

또한, (3)은 n개에서 k개를 선택하는 경우의 수는 특정한 경우가 포함된 경우의 수 $\binom{n-1}{k-1}$와 특정한 경우가 포함되지 않은 경우의 수 $\binom{n-1}{k}$와의 합과 같다는 것을 의미한다.

서로 다른 n개에서 먼저 k개를 선택하고, 다음으로 나머지 $n-k$개에서 l개를 선택하는 조합의 수는

$$\binom{n}{k} \times \binom{n-k}{l} = \frac{n!}{k!(n-k)!} \times \frac{(n-k)!}{l!(n-k-l)!} = \frac{n!}{k!\,l!\,(n-k-l)!}$$

이다. 이 경우의 수를 $\binom{n}{k,\,l}$로 나타낸다.

정리 2.2.6 서로 다른 n개에서 먼저 k개를 선택하고, 다음으로 나머지 $n-k$개에서 l개를 선택하는 조합의 수는

$$\binom{n}{k,\,l} = \frac{n!}{k!\,l!\,(n-k-l)!}$$

예 2.2.3 10명의 학생 중에서 추첨을 통하여 먼저 2명을 선발하여 A등급 장학금을 주고, 나머지 학생 중에서 3명을 선발하여 B등급 장학금을 주는 경우의 수를 구하여라.

•풀이• $\binom{10}{2,\,3} = \frac{10!}{2!\,3!\,5!} = 2520$

이제, 이항정리에 대하여 알아보자.

$$(a+b)^2 = a^2 + 2ab + b^2$$
$$(a+b)^3 = a^3 + 3a^2b + 3ab^2 + b^3$$

이다. 일반적으로 다음의 정리가 성립한다.

정리 2.2.7

이항정리

n이 자연수일 때

$$(a+b)^n = \binom{n}{0}a^n + \binom{n}{1}a^{n-1}b + \binom{n}{2}a^{n-2}b^2 + \cdots + \binom{n}{k}a^{n-k}b^k + \cdots + \binom{n}{n}b^n$$
$$= \sum_{k=0}^{n}\binom{n}{k}a^{n-k}b^k$$

예 2.2.4 이항정리를 이용하여 다음 식을 전개하여라.

(1) $(a-b)^4$　　　(2) $(2a+b)^5$

•풀이• (1) $(a-b)^4 = \binom{4}{0}a^4 + \binom{4}{1}a^3(-b) + \binom{4}{2}a^2)(-b)^2$
$$+\binom{4}{3}a(-b)^3 + \binom{4}{4}(-b)^4$$
$$= a^4 - 4a^3b + 6a^2b^2 - 4ab^3 + b^4$$

(2) $(2a+b)^5 = \binom{5}{0}(2a)^5 + \binom{5}{1}(2a)^4b + \binom{5}{2}(2a)^3b^2 + \binom{5}{3}(2a)^2b^3$
$$+\binom{5}{4}(2a)b^4 + \binom{5}{5}b^5$$
$$= 32a^5 + 80a^4b + 80a^3b^2 + 40a^2b^3 + 10ab^4 + b^5$$

이항정리에서 $a=b=1$인 경우와 $a=1,\ b=-1$인 경우를 고려하면 다음 정리를 얻는다.

정리 2.2.8

n이 자연수일 때

(1) $\binom{n}{0} + \binom{n}{1} + \binom{n}{2} + \cdots + \binom{n}{n} = 2^n$

(2) $\binom{n}{0} + \binom{n}{2} + \binom{n}{4} + \cdots = \binom{n}{1} + \binom{n}{3} + \binom{n}{5} + \cdots = 2^{n-1}$

이제 고전적 확률에 관한 예를 들어보자.

예 2.2.5 카드 한 벌(52장)에서 두 장을 임의로 꺼낼 때, 다음의 확률을 구하여라.

(1) 두 장 모두 하트가 나올 확률

(2) Ace가 한 장 나올 확률

•풀이• (1) 전체 경우의 수는 $\binom{52}{2} = \dfrac{52!}{2!\,50!} = \dfrac{52 \times 51}{2} = 1326$이고 두 장 모두 하트가 나오는 경우의 수는 $\binom{13}{2} = \dfrac{13!}{2!\,11!} = \dfrac{13 \times 12}{2} = 78$이므로 구하고자 하는 확률은

$$\frac{78}{1326} = \frac{1}{17} = 0.0588$$

(2) Ace가 한 장 나오는 경우의 수는 $\binom{4}{1}\binom{48}{1} = 4 \times 48 = 192$이므로 구하고자 하는 확률은

$$\frac{192}{1326} = \frac{32}{221} = 0.1448$$

예 2.2.6 로또 복권 1장을 구매한 사람이 1등에 당첨될 확률을 구하여라.

•풀이• 로또 복권은 1부터 45까지의 45개 숫자에서 6개의 숫자를 선택하는 조합이므로 전체 경우의 수는

$$\binom{45}{6} = \frac{45!}{6!\,39!} = \frac{45 \times 44 \times 43 \times 42 \times 41 \times 40}{6 \times 5 \times 4 \times 3 \times 2 \times 1} = 8145060$$

이다. 따라서 1등에 당첨될 확률은

$$\frac{1}{8145060}$$

2.2.2 공리적 확률

전항에서 언급된 바와 같이 고전적 확률은 유한표본공간에서 각 표본점이 일어날 가능성이 모두 동일하다는 조건하에서 정의되는데, 무한표본공간이거나 유한표본공간이라도 각 표

본점이 일어날 가능성이 동일하지 않으면 적용할 수 없다. 따라서 확률의 개념을 보다 광범위하게 적용할 수 있도록 정의할 필요가 있는데, 이것을 해결하는 방법이 공리적 확률이다.

두 사건 A, B에 대하여, $A \cap B = \varnothing$ 이면 'A와 B는 **서로 배반**(mutually exclusive)'이라 한다. 즉, 두 사건이 동시에 일어나지 않을 때 두 사건은 서로 배반이라고 한다. 사건이 3개 이상일 때는 다음과 같이 정의한다.

정의 2.2.9

배반사건

(1) A, B, C : 서로 배반 $\Leftrightarrow$ $A \cap B = \varnothing$, $B \cap C = \varnothing$, $C \cap A = \varnothing$

(2) A_1, A_2, $\cdots$: 서로 배반 $\Leftrightarrow$ 임의의 i, $j\,(i \neq j)$에 대하여 $A_i \cap A_j = \varnothing$

정의 2.2.10

공리적 확률

표본공간 S에서의 사건들의 집합 위에서 정의된 실수치 함수 P가 다음의 세 공리

(i) 임의의 사건 A에 대하여 $0 \le P(A) \le 1$

(ii) $P(S) = 1$

(iii) 서로 배반인 사건 A_1, A_2, $\cdots$에 대하여 $P(\bigcup_{i=1}^{\infty} A_i) = \sum_{i=1}^{\infty} P(A_i)$

을 만족할 때, 함수 P는 확률이라 하고 함수 값 $P(A)$는 A의 확률이라고 부른다.

위의 세 가지 공리 중에서 가장 핵심적인 공리 (iii)을 **가산가법성**(countable additivity)이라고 부른다. 확률의 정의로부터 얻어지는 성질을 요약하면 다음과 같다.

정리 2.2.11

확률의 성질

(1) A_1, A_2, $\cdots$, A_n가 서로 배반이면 $P(\bigcup_{i=1}^{n} A_i) = \sum_{i=1}^{n} P(A_i)$ (유한가법성)

특히, A, B가 서로 배반이면 $P(A \cup B) = P(A) + P(B)$

(2) $A \subset B$이면 $P(B-A)=P(B)-P(A)$

(3) $P(A^c)=1-P(A)$

(4) 임의의 사건 A, B에 대하여 $P(A \cup B)=P(A)+P(B)-P(A \cap B)$

예 2.2.7 우리대학교 공과대학 신입생 중에서 40%가 수학을 수강하고 30%가 물리를 수강하며, 20%가 수학과 물리 모두 수강한다고 하자. 우리 공과대학의 신입생 중에서 임의로 선택된 한 학생이 수학 또는 물리를 수강할 확률을 구하여라.

•풀이• 임의로 선택된 신입생이 수학을 수강하는 사건을 A, 물리를 수강하는 사건을 B라고 하면 $P(A)=0.4$, $P(B)=0.3$, $P(A \cap B)=0.2$이다. 따라서 구하고자 하는 확률은

$$\begin{aligned} P(A \cup B) &= P(A)+P(B)-P(A \cap B) \\ &= 0.4+0.3-0.2 = 0.5 \end{aligned}$$

정리 2.2.11의 (4)를 세 개 이상의 사건인 경우로 일반화하면 다음과 같다.

정리 2.2.12

(1) $$\begin{aligned} P(A \cup B \cup C) &= P(A)+P(B)+P(C) \\ &\quad - P(A \cap B) - P(B \cap C) - P(C \cap A) + P(A \cap B \cap C) \end{aligned}$$

(2) $$\begin{aligned} P\left(\bigcup_{i=1}^{n} A_i\right) &= \sum_{i=1}^{n} P(A_i) - \sum_{i<j} P(A_i \cap A_j) \\ &\quad + \sum_{i<j<k} P(A_i \cap A_j \cap A_k) + \cdots + (-1)^{n-1} P\left(\bigcap_{i=1}^{n} A_i\right) \end{aligned}$$

2.3 조건부확률

주사위를 한 번 던지는 시행에서 표본공간은 $S=\{1,\ 2,\ 3,\ 4,\ 5,\ 6\}$이므로 4 이상의 눈이 나올 확률은 $\frac{3}{6}=\frac{1}{2}$이다. 그러나 시행의 결과가 짝수인 사건 $A=\{2,\ 4,\ 6\}$이 일어났다는 가정하에 4 이상의 눈이 나오는 사건 $B=\{4,\ 5,\ 6\}$의 확률은 $\frac{2}{3}$가 된다.

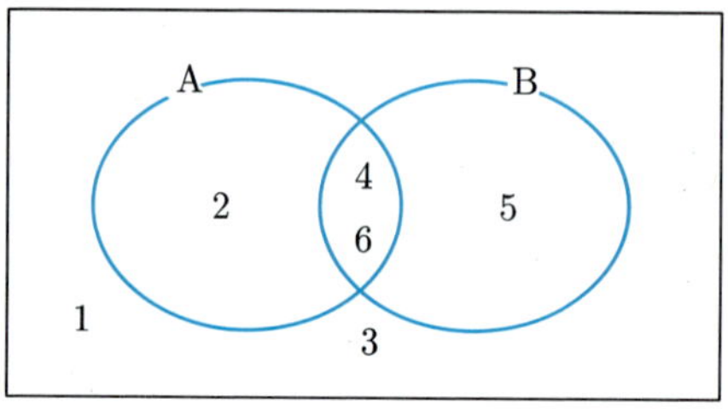

이와 같은 현상을 일반적인 고전적 확률모델에서 생각하자. 확률적 실험의 결과로서 사건 A가 일어났다고 가정했을 때 사건 B의 확률을 구하기 위하여 A^c는 일어날 수가 없으므로 A를 새로운 표본공간으로 택해야 하며, 이때 B의 확률을 $P(B|A)$로 나타내면

$$
\begin{aligned}
P(B|A) &= \frac{|A\cap B|}{|A|} \\
&= \frac{|A\cap B|/|S|}{|A|/|S|} \\
&= \frac{P(A\cap B)}{P(A)}
\end{aligned}
$$

로 계산된다.

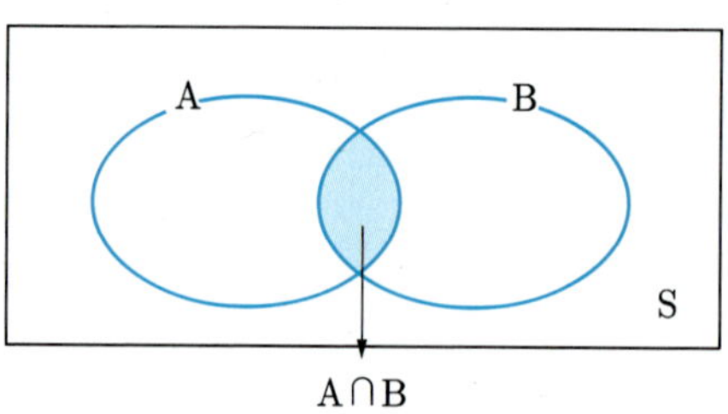

일반적으로 조건부 확률은 다음과 같이 정의한다.

정의 2.3.1 **조건부확률**

$P(A)>0$일 때,

$$P(B|A)=\frac{P(A\cap B)}{P(A)}$$

를 사건 A가 일어났을 때 사건 B의 조건부 확률(conditional probability)이라고 한다.

예 2.3.1 주사위를 두 번 던지는 시행에서

$$A=\{(i,\ j): i+j=6\}: \text{ 두 눈의 합이 6인 사건}$$
$$B=\{(i,\ j): |i-j|=4\}: \text{ 두 눈의 차가 4인 사건}$$

일 때, $P(B|A)$와 $P(A|B)$를 구하여라.

•풀이• $A=\{(1,\ 5),\ (2,\ 4),\ (3,\ 3),\ (4,\ 2),\ (5,\ 1)\}$, $B=\{(1,\ 5),\ (2,\ 6),\ (5,\ 1),\ (6,\ 2)\}$이므로

$$A\cap B=\{(1,\ 5),\ (5,\ 1)\}$$

이다. 따라서

$$P(B|A)=\frac{2}{5},\ P(A|B)=\frac{1}{2}$$

조건부 확률의 정의에 의하여 $P(A)>0$이면

$$P(A\cap B)=P(A)P(B|A)$$

이 성립한다. 또한, 세 사건 A, B, C에 대하여 $P(A\cap B)>0$이면

$$\begin{aligned}P(A\cap B\cap C)&=P(A\cap B)P(C|A\cap B)\\&=P(A)P(B|A)P(C|A\cap B)\end{aligned}$$

이다. 따라서 일반적으로 다음의 정리가 성립한다.

정리 2.3.2 **곱셈법칙**

사건 $A_1, \dots, A_n$에 대하여 $P(A_1 \cap \dots \cap A_{n-1}) > 0$이면

$$\begin{aligned} &P(A_1 \cap \dots \cap A_n) \\ &= P(A_1)P(A_2|A_1)P(A_3|A_1 \cap A_2) \cdots P(A_n|A_1 \cap \cdots \cap A_{n-1}) \end{aligned}$$

예 2.3.2 4개의 흰 공과 6개의 검은 공이 들어 있는 항아리에서 차례로 임의의 공을 꺼내는 시행(비복원 추출)을 반복할 때, 처음 세 번 꺼낸 공이 모두 흰 공일 확률을 구하여라.

•풀이• i 번째 추출에서 흰 공이 나오는 사건을 A_i라 하면, 구하는 확률은

$$\begin{aligned} P(A_1 \cap A_2 \cap A_3) &= P(A_1)P(A_2 | A_1)P(A_3 | A_1 \cap A_2) \\ &= \frac{4}{10} \times \frac{3}{9} \times \frac{2}{8} = \frac{1}{30} \end{aligned}$$

2.4 베이즈(Bayes) 정리

예 2.3.2에서 두 번째 추출에서 흰 공이 나오는 사건 A_2의 확률을 구해보자. 조건으로부터

$$P(A_2 | A_1) = \frac{3}{9}, \quad P(A_2 | A_1^c) = \frac{4}{9}$$

임을 알 수 있다. 이제, $A_2 = (A_1 \cap A_2) \cup (A_1^c \cap A_2)$이고 $A_1 \cap A_2$와 $A_1^c \cap A_2$는 서로 배반이므로

$$\begin{aligned} P(A_2) &= P(A_1 \cap A_2) + P(A_1^c \cap A_2) \\ &= P(A_1)P(A_2 | A_1) + P(A_1^c)P(A_2 | A_1^c) \\ &= \frac{4}{10} \times \frac{3}{9} + \frac{6}{10} \times \frac{4}{9} = 0.4 \end{aligned}$$

이고,

$$P(A_1 | A_2) = \frac{P(A_1 \cap A_2)}{P(A_{2)}} = \frac{\frac{4}{10} \times \frac{3}{9}}{0.4} = \frac{1}{3}$$

이다. 이와 같은 확률 법칙을 일반적인 경우에서 다루어 보자. 사건 A_1, A_2, $\cdots$, A_n가 서로 배반이고

$$S = A_1 \cup A_2 \cup \cdots \cup A_n$$

이면, A_1, A_2, $\cdots$, A_n은 표본공간 S의 분할이라고 한다. 여기에 확률적 의미를 부여하기 위해 '각 i에 대하여 $P(A_i) > 0$'을 가정한다.

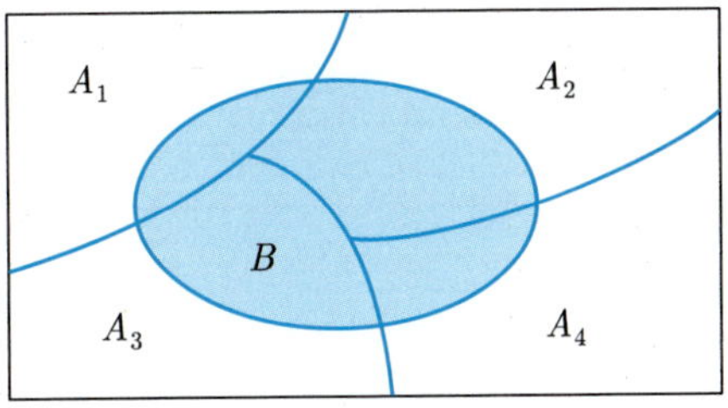

[그림 2.1]

이제 임의의 사건 B에 대하여

$$B = (A_1 \cap B) \cup (A_2 \cap B) \cup \cdots \cup (A_n \cap B)$$

이고, $A_1 \cap B$, $A_2 \cap B$, $\cdots$, $A_n \cap B$은 서로 배반이므로

$$\begin{aligned} P(B) &= P(A_1 \cap B) + P(A_2 \cap B) + \cdots + P(A_n \cap B) \\ &= P(A_1)P(B|A_1) + P(A_2)P(B|A_2) + \cdots + P(A_n)P(B|A_n) \\ &= \sum_{i=1}^{n} P(A_i)P(B|A_i) \end{aligned}$$

이다. 또한,

$$P(A_k|B)=\frac{P(A_k\cap B)}{P(B)}=\frac{P(A_k)P(B|A_k)}{\sum_{i=1}^{n}P(A_i)P(B|A_i)}$$

이 성립한다. 이것을 정리하면 다음과 같다.

정리 2.4.1

사건 $A_1, A_2, \cdots, A_n$가 표본공간 S의 분할이고 B는 임의의 사건이라 하자.

(1) 전 확률의 공식

$$P(B)=\sum_{i=1}^{n}P(A_i)P(B|A_i)$$

(2) 베이즈 정리

$$P(A_k|B)=\frac{P(A_k\cap B)}{P(B)}=\frac{P(A_k)P(B|A_k)}{\sum_{i=1}^{n}P(A_i)P(B|A_i)}$$

전 확률의 공식과 베이즈 정리를 사용할 때 벤다이어그램 그림 2.1 보다 다음과 같은 트리다이어그램을 사용하면 편리하다.

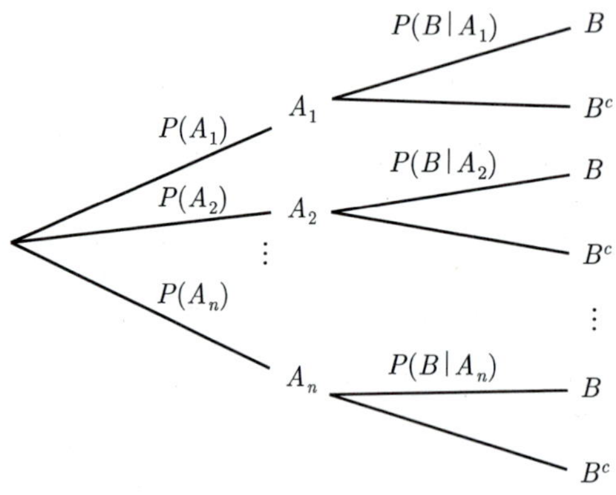

[그림 2.2]

예 2.4.1 어느 도시에 거주하는 주민 중에 5%가 암에 걸려있다고 하자. 암에 걸린 사람이 암 검사에서 양성반응이 나타날 확률은 0.8이고 정상인이 암 검사에서 양성반응이 나타날 확률은 0.1이라 할 때, 다음을 구하여라.

(1) 어떤 주민이 암 검사를 받을 때, 양성반응이 나타날 확률

(2) 어떤 주민이 암 검사에서 양성반응이 나타났을 때, 실제로 암에 걸렸을 확률

•풀이• 임의로 선정된 주민이 암에 걸리는 사건을 A, 암 검사에서 양성반응이 나타나는 사건을 B라 하자.

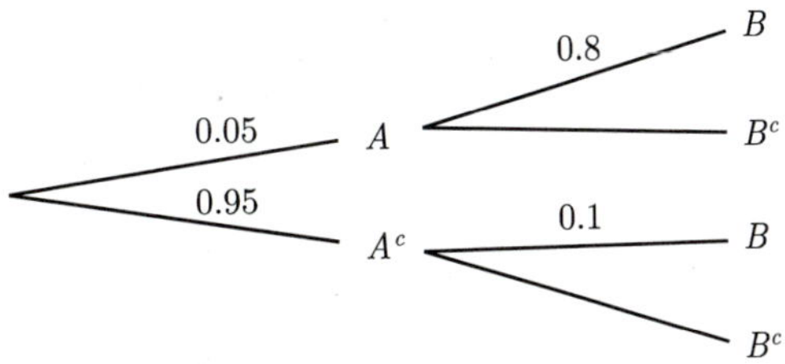

(1) $P(B) = P(A)P(B|A) + P(A^c)P(B|A^c)$

$$= 0.05 \times 0.8 + 0.95 \times 0.1 = 0.135$$

(2) $P(A|B) = \dfrac{P(A \cap B)}{P(B)}$

$$= \frac{0.05 \times 0.8}{0.135} = \frac{8}{27}$$

참고▸▸▸
의학용어로 암 검사에서 암에 걸린 사람이 암에 걸렸다는 검사 결과(양성반응)가 나올 확률을 민감도(또는 진양성률)라 하고, 실제 암에 걸리지 않은 사람이 암에 걸리지 않았다는 검사결과(음성반응)가 나올 확률을 특이도(또는 진음성률)라 한다. 예 2.4.1에서 민감도는 80%이고 특이도는 90%이다.

예 2.4.2 어느 회사는 3개의 공장 F_1, F_2, F_3에서 생산품 전체의 50%, 30%, 20%를 생산하는데, 이들 공장에서 생산되는 불량품의 비율은 각각 1%, 2%,

4%라고 할 때 다음을 구하여라.

(1) 이 회사 제품 전체 중에서 불량품의 비율

(2) 불량품 전체 중에서 공장 F_1에서 생산되는 불량품의 비율

•풀이• 임의로 선정된 제품이 공장 F_1, F_2, F_3에서 생산되는 사건을 각각 A_1, A_2, A_3라 하고, 불량품인 사건을 B라 하자.

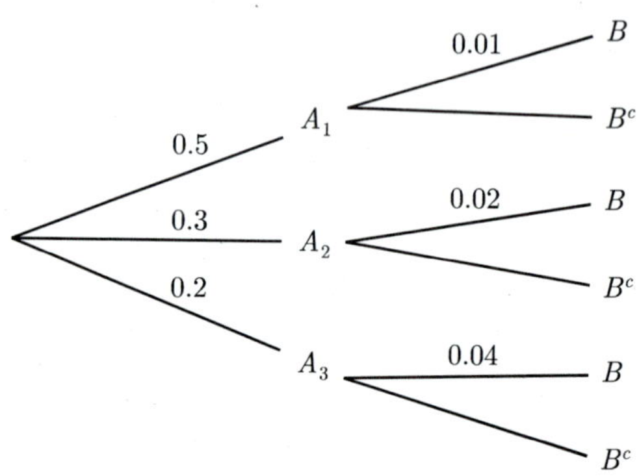

(1) 전 확률의 공식에 의하여

$$P(B) = \sum_{i=1}^{3} P(A_i)P(B|A_i)$$

$$= 0.5 \times 0.01 + 0.3 \times 0.02 + 0.2 \times 0.04 = 0.019$$

이므로 이 회사 제품 전체 중에서 불량품의 비율은 1.9%이다.

(2) $P(A_1|B) = \dfrac{P(A_1 \cap B)}{P(B)}$

$$= \frac{0.5 \times 0.01}{0.019} = \frac{5}{19} = 0.263$$

이므로 구하는 불량품의 비율은 26.3%이다.

예 2.4.3 예 2.3.2에서 다음을 구하여라.

(1) 세 번째 추출에서 흰 공이 나오는 사건 A_3의 확률

(2) $P(A_1|A_3)$

•풀이• (1) 표본공간의 분할은 $A_1 \cap A_2, A_1 \cap A_2^c, A_1^c \cap A_2, A_1^c \cap A_2^c$이므로

$$\begin{aligned} P(A_3) &= P(A_1 \cap A_2)P(A_3 | A_1 \cap A_2) + P(A_1 \cap A_2^c)P(A_3 | A_1 \cap A_2^c) \\ &\quad + P(A_1^c \cap A_2)P(A_3 | A_1^c \cap A_2) + P(A_1^c \cap A_2^c)P(A_3 | A_1^c \cap A_2^c) \\ &= \frac{4}{10} \times \frac{3}{9} \times \frac{2}{8} + \frac{4}{10} \times \frac{6}{9} \times \frac{3}{8} + \frac{6}{10} \times \frac{4}{9} \times \frac{3}{8} + \frac{6}{10} \times \frac{5}{9} \times \frac{4}{8} \\ &= 0.4 \end{aligned}$$

(2) $$\begin{aligned} P(A_1 | A_3) &= \frac{P(A_1 \cap A_3)}{P(A_3)} \\ &= \frac{P(A_1 \cap A_2 \cap A_3) + P(A_1 \cap A_2^c \cap A_3)}{P(A_3)} \\ &= \frac{\frac{4}{10} \times \frac{3}{9} \times \frac{2}{8} + \frac{4}{10} \times \frac{6}{9} \times \frac{3}{8}}{0.4} = \frac{1}{3} \end{aligned}$$

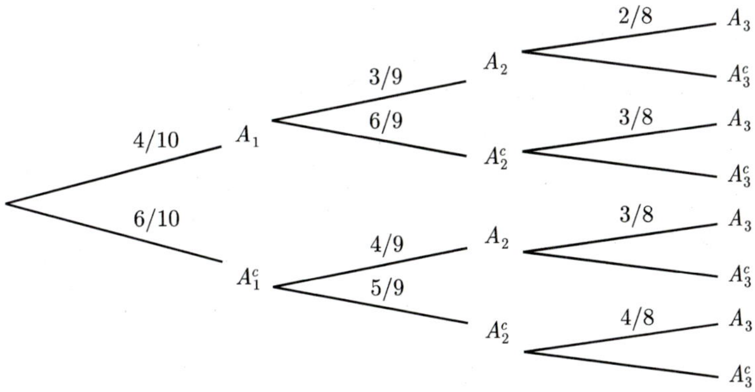

2.5 사건의 독립성

예 2.3.2와 같이 흰 공 4개와 검은 공 6개가 들어 있는 항아리에서 공을 한 개씩 차례로 꺼낼 때, 꺼낸 공을 항아리에 다시 넣지 않고 꺼내는 시행을 **비복원 추출**이라 하고 꺼낸 공을 항아리에 다시 넣고 꺼내는 시행을 **복원 추출**이라 한다. 비복원 추출인 경우는 2.3에서

살펴본 바와 같이 처음 꺼낸 공이 흰 공인지 검은 공인지에 따라 두 번째 꺼내는 공이 흰 공일 확률이 달라진다. 그러나 복원 추출인 경우는 처음 꺼낸 공이 무엇이든 상관없이 두 번째 꺼내는 공이 흰 공일 확률이 같다.

두 사건 A, B에 대하여 $P(A) > 0$, $P(B) > 0$일 때,

$$P(A|B) = P(A) \text{ 이고 } P(B|A) = P(B)$$

이 성립하면 'A와 B는 서로 독립'이라고 한다. 그런데 위의 두 식은

$$P(A \cap B) = P(A)P(B)$$

와 동치이고 $P(A) = 0$ 또는 $P(B) = 0$인 경우는 서로의 확률에 영향을 주지 않으므로 두 사건의 독립성을 다음과 같이 정의한다.

정의 2.5.1

두 사건의 독립성

두 사건 A, B에 대하여

$$P(A \cap B) = P(A)P(B)$$

이 성립할 때, A와 B는 서로 독립이라고 한다.

서로 독립이 아닌 경우는 서로 종속이라고 한다.

정리 2.5.2

A와 B가 서로 독립이면 A^c와 B도 서로 독립이다.

예 2.5.1 공정한 동전을 두 번 던지는 시행에서 첫 번째 동전이 앞면인 사건을 A, 두 번째 동전이 앞면인 사건을 B, 두 번 모두 앞면이거나 뒷면이 나오는 사건을 C라 할 때, 다음 사건들이 서로 독립인지 아닌지를 판별하여라.

(1) A, B (2) B, C (3) A, C

•풀이• 표본공간은 $S=\{HH, HT, TH, TT\}$이고

$$A=\{HH, HT\},\ B=\{HH, TH\},\ C=\{HH, TT\}$$

이므로 $P(A)=P(B)=P(C)=\dfrac{1}{2}$이다.

(1) $A\cap B=\{HH\}$이고

$$P(A\cap B)=\frac{1}{4}=P(A)P(B)$$

이므로 A와 B는 서로 독립이다.

(2) $B\cap C=\{HH\}$이고

$$P(B\cap C)=\frac{1}{4}=P(B)P(C)$$

이므로 B와 C는 서로 독립이다.

(3) $A\cap C=\{HH\}$이고

$$P(A\cap C)=\frac{1}{4}=P(A)P(C)$$

이므로 A와 C는 서로 독립이다.

예 2.3.2에서 처음에 흰 공이 나오는 사건 A_1과 두 번째 흰 공이 나오는 사건 A_2에 대하여 정의 2.5.1을 적용하기 위해 $P(A_2)$를 구하려면 전 확률의 공식을 사용해야 한다. 이러한 경우에는 다음 정리가 유용하다.

정리 2.5.3

$0 < P(A) < 1$일 때

$$A\text{와 } B\text{가 서로 독립} \Leftrightarrow P(B|A)=P(B|A^c)$$

이제, 세 사건의 독립성에 대하여 생각해보자. 예 2.5.1에서 A와 B, B와 C, C와 A는 각각 서로 독립이다. 그러나 $A\cap B\cap C=\{HH\}$이고

$$P(A\cap B\cap C)=\frac{1}{4},\quad P(A\cap B)P(C)=\frac{1}{8}$$

이므로 사건 $A\cap B$와 C는 서로 독립이 아니다. 이러한 경우를 고려하여

$$P(A\cap B)=P(A)P(B)$$
$$P(A\cap C)=P(A)P(C),$$
$$P(B\cap C)=P(B)P(C)$$
$$P(A\cap B\cap C)=P(A)P(B)P(C)$$

이 성립할 때, 세 사건 A, B, C는 서로 독립이라고 한다.

정리 2.5.4

A, B, C가 서로 독립이면 다음 사건들도 서로 독립이다.

(1) A^c, B, C

(2) $A\cap B$, C

(3) $A\cup B$, C

예 2.5.2 A, B, C가 서로 독립이고 $P(A)=0.2$, $P(B)=0.4$, $P(C)=0.5$일 때 다음 확률을 구하여라.

(1) $P[A^c\cap(B\cup C)]$ (2) $P(A\cup B\cup C)$

•풀이• (1)
$$P(B\cup C)=P(B)+P(C)-P(B\cap C)$$
$$=0.4+0.5-0.4\times 0.5=0.7$$

이므로

$$P[A^c\cap(B\cup C)]=P(A^c)P(B\cup C)$$
$$=(1-0.2)\times 0.7=0.56$$

(2)
$$P(A\cup B\cup C)=1-P(A^c\cap B^c\cap C^c)$$
$$=1-P(A^c)P(B^c)P(C^c)$$
$$=1-(1-0.2)(1-0.4)(1-0.5)=0.76$$

일반적으로, n개의 사건 A_1, A_2, ..., A_n가 임의의 서로 다른 i_1, i_2, $\cdots$, i_k에 대하여

$$P(A_{i_1}\cap A_{i_2}\cap\cdots\cap A_{i_k})=P(A_{i_1})P(A_{i_2})\cdots P(A_{i_k}),\ k=2,\ 3,\ \cdots,\ n$$

이 성립할 때 서로 독립이라고 한다.

n개의 사건 A_1, A_2, ..., A_n가 서로 독립이고 $P(A_i) = p_i$일 때, $\bigcup_{i=1}^{n} A_i$의 확률은 다음과 같이 계산한다.

$$\begin{aligned} P(\bigcup_{i=1}^{n} A_i) &= 1 - P(\bigcap_{i=1}^{n} A_i^c) \\ &= 1 - \prod_{i=1}^{n} P(A_i^c) \\ &= 1 - \prod_{i=1}^{n} (1 - p_i) \end{aligned}$$

예 2.5.3 다음과 같은 시스템에서 회로 i가 작동할 확률이 p_i이고 각 회로는 서로 독립적으로 작동한다고 할 때 이 시스템이 작동할 확률을 구하여라.

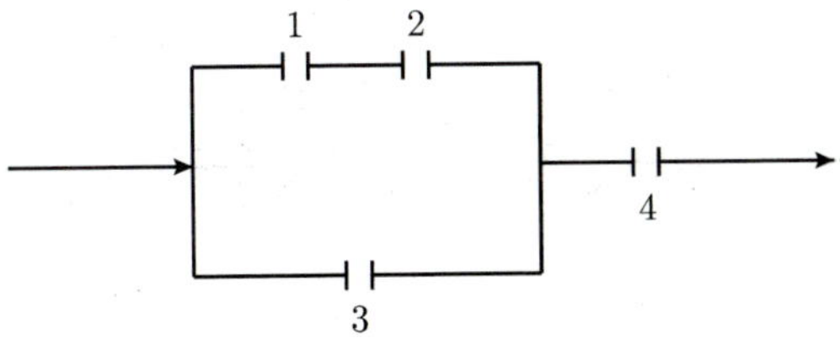

•풀이• 회로 i가 작동하는 사건을 A_i라고 놓으면 시스템이 작동되는 사건은

$$[(A_1 \cap A_2) \cup A_3] \cap A_4$$

이다. 먼저,

$$\begin{aligned} P[(A_1 \cap A_2) \cup A_3] &= P(A_1 \cap A_2) + P(A_3) - P(A_1 \cap A_2 \cap A_3) \\ &= p_1 p_2 + p_3 - p_1 p_2 p_3 \end{aligned}$$

이므로 구하는 확률은

$$P([(A_1 \cap A_2) \cup A_3] \cap A_4) = (p_1 p_2 + p_3 - p_1 p_2 p_3) p_4$$

연습문제

1. 공정한 동전을 세 번 던지는 시행에서 다음을 구하여라.
   (1) 앞면이 두 번 나올 확률
   (2) 적어도 한 번 앞면이 나올 확률

2. 두 사건 A, B에 대하여

$$P(A) = 0.2,\ P(A \cup B) = 0.6,\ P(B) = p$$

   일 때 다음의 각 경우에 p값을 구하여라.
   (1) A와 B가 서로 배반
   (2) A와 B가 서로 독립

3. 흰 공 4개와 검은 공 6개가 들어 있는 항아리에서 임의로 하나의 공을 꺼내어 색깔을 살핀 후 추출된 공과 같은 색의 공 2개(꺼낸 공포함)를 항아리에 넣는 시행을 반복할 때 다음을 구하여라.
   (1) 처음 세 번 모두 흰 공이 나올 확률
   (2) 두 번째 추출에서 흰 공이 나올 확률

4. 공정한 주사위를 두 번 던지는 시행에서 첫 번째 눈이 홀수인 사건을 A, 두 번째 눈이 짝수인 사건을 B, 두 눈의 합이 7인 사건을 C라 할 때, 다음 사건들이 서로 독립인지 아닌지를 판별하여라.
   (1) A, B (2) B, C
   (3) A, C (4) A, B, C

5. 오지선다형 문제에서 어떤 학생이 답을 알고 있을 확률은 0.5이고, 정답을 모르면 단순 추측으로 답을 선택한다고 할 때 다음을 구하여라.

(1) 어떤 학생이 정답을 선택할 확률

(2) 어떤 학생이 정답을 선택하였을 때, 그 학생이 답을 알고 있었을 확률

6. 우리대학교 어느 학과의 재학생이 1학기말 기준으로 1학년 30%, 2학년 25%, 3학년 25%, 4학년 20%로 구성되어 있고, 각 학년에서 1학기말 성적의 평점이 4.0 이상인 학생의 비율이 1학년 5%, 2학년 8%, 3학년 10%, 4학년 15%라고 가정하자. 이 학과에서 1학기말 성적이 평점 4.0 이상인 학생 중에서 1명을 추첨하여 하계방학 중 해외연수를 보내려고 할 때, 1학년 또는 2학년 재학생이 선정될 확률을 구하여라.

7. 국제바둑대회에서 갑과 을이 결승전에 진출하였으며, 결승전은 5전 3선승제로 진행된다고 한다. 3차전까지 대국 결과는 갑이 2승, 을이 1승으로 마감되었다. 각 대국의 결과로 생기는 사건들은 서로 독립이라고 가정할 때 다음을 구하여라.

(1) 갑과 을이 각 대국에서 이길 가능성이 같다고 할 때 갑이 우승할 확률

(2) 갑과 을이 각 대국에서 이길 가능성이 4 : 6일 때 갑이 우승할 확률

8. 항아리 속에 모양과 크기가 같은 동전 3개가 들어있다. 이 중에 앞면이 나올 확률이 1/2인 동전 a가 2개이고 나머지 1개 동전 b는 앞면이 나올 확률이 1/4이다. 이 항아리에서 임의로 한 개의 공을 꺼내어 3회 던지는 시행에서 다음 확률을 구하여라.

(1) 앞면이 한번 나올 확률

(2) 앞면이 한번 나왔을 때, 동전 a가 선택되어 던져졌을 조건부확률

이산확률분포 3장

3.1 확률변수

2장에서는 표본공간 위에서 정의되는 확률의 성질을 다루었다. 그러나 확률적 실험의 목적은 실험결과 그 자체보다는 실험결과로부터 필요한 정보를 얻기 위함이다. 이러한 정보를 얻기 위하여 실험결과를 실수 값으로 표현하는 것이 유용하다. 예를 들어, 동전을 두 번 던지는 시행에서 얻고자 하는 정보가 앞면이 나오는 횟수라고 하면, 표본공간

$$S = \{HH,\ HT,\ TH,\ TT\}$$

의 각 원소를

$$X(HH) = 2,\ X(HT) = 1,\ X(TH) = 1,\ X(TT) = 0$$

로 대응시키는 함수 X를 사용한다.

이와 같이, 표본공간 S의 각 원소 s에 실수 값 $X(s)$를 대응시키는 함수 $X : S \to R$를 확률변수 또는 랜덤변수(random variable)라고 부른다. 확률변수 X는 표본공간 S의 각 원소 s로부터 필요한 정보를 수치 $X(s)$로 표현한 것이므로 표본공간 S는 효용가치를 상실한 것이다. 따라서 이제는 얻어진 모든 정보들의 집합

$$R_X = \{X(s) : s \in S\}$$

즉, X의 치역 R_X 위에서 확률 P_X를 도입하여 사용하는 것이 필요하다.

이제, $A \subset R_X$에 대하여 $\{s \in S \mid X(s) \in A\}$을 간단히 $\{X \in A\}$로 나타내기로 하자. P가 표본공간 S 위에서 정의된 확률일 때

$$P_X(A) = P(X \in A)$$

로 정의되는 확률 P_X를 X의 확률분포라고 부른다.

예 3.1.1 공정한 동전을 3회 던지는 시행에서 앞면이 나오는 횟수를 X라 하면 대응관계는 다음과 같다.

s	HHH	HHT	HTH	THH	HTT	THT	TTH	TTT
$X(s)$	3	2	2	2	1	1	1	0

여기에서

$$P_X(\{0\}) = P(X=0) = \frac{1}{8},\ P_X(\{1\}) = P(X=1) = \frac{3}{8}$$

$$P_X(\{2\}) = P(X=2) = \frac{3}{8},\ P_X(\{3\}) = P(X=3) = \frac{1}{8}$$

이고, 이것을 표로 나타내면 다음과 같은 X의 확률분포표를 얻는다.

x	0	1	2	3	합계
$P(X=x)$	1/8	3/8	3/8	1/8	1

확률변수는 예 3.1.1과 같이 치역 R_X가 유한집합이거나 가산무한집합이면 **이산확률변수**라 부르고, 치역 R_X가 연속적인 구간이면 **연속확률변수**라고 부른다.

3.2 이산확률분포

이산확률변수의 확률분포를 간단히 이산확률분포 또는 이산분포라고 부른다. X가 이산확률변수일 때, 임의의 실수 x에 대하여

$$p(x) = P(X=x)$$

로 정의된 함수 $p(x)$를 X의 **확률질량함수**(probability mass function) 또는 **확률함수**라고 한다. X의 확률함수 $p(x)$는 다음의 조건을 만족한다.

(i) $0 \le p(x) \le 1$이고, $x \notin R_X$이면 $p(x) = 0$이다.

(ii) $\sum_{x} p(x) = 1$

(iii) $P(X \in A) = \sum_{x \in A} p(x)$

여기에서, (ii)와 (iii)의 $\sum$는 $x \in R_X$에 관한 합을 의미한다. 특히, 식(iii)에서 X의 확률분포 P_X는 확률함수 $p(x)$로부터 계산할 수 있으므로 확률함수 $p(x)$를 구하는 것은 X의 확률분포를 구하는 것과 같다.

예 3.2.1 예 3.1.1에서 식 (i), (ii)를 만족함은 쉽게 알 수 있다. 식 (iii)을 적용하면

$$P(1 \le X \le 2.5) = \sum_{1 \le x \le 2.5} p(x)$$
$$= p(1) + p(2) = \frac{3}{4}$$

이제, 이산확률변수의 기댓값을 도입하기 위하여 다음과 같이 복권 상금이 걸린 경우를 생각해보자.

상금(만원)	0	10	20	50	합계
매수(장)	4	3	2	1	10

위와 같은 10장의 복권 중에서 1장의 복권을 산 사람이 기대할 수 있는 상금은 다음과 같이 계산된다.

상금 총액 = $0 \times 4 + 10 \times 3 + 20 \times 2 + 50 \times 1$ = 120만원

총 매수 = 10장

복권 1장에 대한 기대 상금액 = $\frac{120}{10}$ = 12만원

이것을 확률적으로 접근하기 위하여 복권 1장을 산 사람의 당첨 상금액을 X(만원)라고 하면 X의 확률분포는 다음과 같다.

x	0	10	20	50	합계
$p(x)$	$\frac{4}{10}$	$\frac{3}{10}$	$\frac{2}{10}$	$\frac{1}{10}$	1

위의 계산식에서 X의 기댓값은

$$0\times\frac{4}{10}+10\times\frac{3}{10}+20\times\frac{2}{10}+50\times\frac{1}{10} = 12\text{만원}$$

즉, X의 기댓값은 $\sum_x x\,p(x)$이다.

정의 3.2.1

기댓값(Expectation)

이산확률변수 X의 확률함수가 $p(x)$일 때

$$E(X)=\sum_x x\,p(x)$$

을 X의 기댓값이라고 한다.

이산확률변수 $X:S\to R$와 함수 $g:R\to R$의 합성에 의하여 얻어진 이산확률변수 $Y=g(X)$의 기댓값을 구하려면 Y의 확률함수를 먼저 구해야 한다. 그러나 이러한 복잡한 과정을 거치지 않고 X의 확률분포로부터 곧바로 Y의 기댓값을 구할 수 있다.

정리 3.2.2

이산확률변수 X의 확률함수가 $p(x)$일 때

$$E[g(X)]=\sum_x g(x)\,p(x)$$

이 성립한다.

예를 들면, a와 b가 상수일 때

$$\begin{aligned}E(aX+b)&=\sum_x (ax+b)\,p(x)\\&=a\sum_x x\,p(x)+b\sum_x p(x)=a\,E(X)+b\end{aligned}$$

이고,

$$E(X^2)=\sum_x x^2\,p(x),\quad E(X^n)=\sum_x x^n\,p(x)$$

이 성립한다.

정리 3.2.3

a, b, c가 상수일 때

(1) $E(aX+b) = aE(X) + b$

(2) $E(aX^2+bX+c) = aE(X^2) + bE(X) + c$

예 3.2.2 X의 확률분포가 다음과 같이 주어졌다고 하자.

x	-1	1	2
$p(x)$	$\frac{1}{4}$	$\frac{1}{4}$	$\frac{1}{2}$

먼저, $Y = X^2$의 확률분포를 구하면 다음과 같다.

y	1	4
$P(Y=y)$	$\frac{1}{2}$	$\frac{1}{2}$

따라서, 기댓값의 정의에 의하여 $Y = X^2$의 기댓값을 구하면

$$E(Y) = 1\times\frac{1}{2} + 4\times\frac{1}{2} = \frac{5}{2}$$

이다. 한편, 정리 3.2.2를 사용하여 X^2의 기댓값을 구하면

$$E(X^2) = (-1)^2\times\frac{1}{4} + 1^2\times\frac{1}{4} + 2^2\times\frac{1}{2} = \frac{5}{2}$$

정의 3.2.4

분산(variance)과 표준편차(standard deviation)

이산확률변수 X의 기댓값을 $E(X) = \mu$라 할 때

$$Var(X) = E[(X-\mu)^2]$$

을 X의 분산이라 하고

$$sd(X) = \sqrt{Var(X)}$$

은 X의 표준편차라고 한다.

X의 분산을 계산하면

$$Var(X) = E[(X-\mu)^2] = \sum_x (x-\mu)^2 p(x)$$

이다. 그러나 정리 3.2.2를 사용하면

$$\begin{aligned} Var(X) &= E[(X-\mu)^2] \\ &= E(X^2 - 2\mu X + \mu^2) \\ &= E(X^2) - 2\mu E(X) + \mu^2 \\ &= E(X^2) - \mu^2 \end{aligned}$$

예 3.2.3 공정한 동전을 두 번 던지는 시행에서 앞면이 나오는 횟수 X의 확률분포는 다음과 같다.

x	0	1	2
$p(x)$	$\frac{1}{4}$	$\frac{1}{2}$	$\frac{1}{4}$

이때,

$$E(X) = 0\times\frac{1}{4} + 1\times\frac{1}{2} + 2\times\frac{1}{4} = 1$$

$$E(X^2) = 0^2\times\frac{1}{4} + 1^2\times\frac{1}{2} + 2^2\times\frac{1}{4} = 1.5$$

이므로

$$Var(X) = E(X^2) - \mu^2 = 1.5 - 1 = 0.5$$

정리 3.2.5 a와 b가 상수일 때

$$Var(aX+b) = a^2\, Var(X)$$

3.3 이항분포

동전을 던지는 시행에서 나올 수 있는 결과는 앞면과 뒷면 두 가지 중의 하나이다. 이와 같이, 한 번의 시행에서 나올 수 있는 결과가 두 가지 뿐인 시행을 베르누이 시행 또는 이항실험이라고 한다. 베르누이 시행은 확률적 실험 중에서 가장 간단한 경우이지만 가장 많이 사용되는 실험 중의 하나이기 때문에 나올 수 있는 두 가지 결과를 성공(success)과 실패(failure)로 표현하고 성공확률은 p로 나타낸다.

한 번의 베르누이 시행을 할 때, 표본공간은

$$S = \{ s, f \}$$

로 나타내고 $X(s) = 1$, $X(f) = 0$인 확률변수를 '베르누이 확률변수(Bernoulli random variable)'라고 한다. X의 확률분포

x	0	1	합계
$p(x)$	$1-p$	p	1

은 '모수 p를 갖는 베르누이 분포(Bernoulli distribution)'라고 한다. 이때 X의 기댓값과 분산은 다음과 같다.

$$E(X) = p, \quad Var(X) = p(1-p).$$

이제, 앞면이 나올 확률이 p인 동전을 3회 던지는 시행에서 앞면이 나오는 횟수를 X라 하면 대응 관계는 다음과 같다.

s	HHH	HHT	HTH	THH	HTT	THT	TTH	TTT
$X(s)$	3	2	2	2	1	1	1	0

여기에서

$$P(X=0) = P(TTT) = (1-p)^3,$$
$$P(X=1) = P(HTT, THT, TTH) = 3p(1-p)^2$$

$$P(X=2)=P(HHT, HTH, THH)=3p^2(1-p),$$
$$P(X=3)=P(HHH)=p^3$$

이므로 X의 확률분포는 다음과 같다.

x	0	1	2	3	합계
$P(X=x)$	$(1-p)^3$	$3p(1-p)^2$	$3p^2(1-p)$	p^3	1

이때, X의 기댓값과 분산은 다음과 같다.

$$E(X)=3p, \quad Var(X)=3p(1-p)$$

일반적으로, 성공확률이 p인 베르누이 시행을 n회 독립적으로 반복할 때 나오는 성공 횟수를 X라고 하면 X의 확률함수는 다음과 같다.

$$p(x)=\binom{n}{x}p^x(1-p)^{n-x}, \quad x=0,\ 1,\ \cdots,\ n$$

이때, X는 '모수 $(n,\ p)$를 갖는 **이항확률변수**(binomial random variable)'라 하고 $X \sim B(n,\ p)$로 나타낸다.

정리 3.3.1

$X \sim B(n,\ p)$일 때, X의 기댓값과 분산은 다음과 같다.

$$E(X)=np, \ Var(X)=np(1-p)$$

예 3.3.1 정답이 한 개씩인 오지선다형 객관식 시험에서 20개의 문항이 있다. 어떤 학생이 각 문항마다 임의로 답을 선택한다고 할 때, 이 학생이 맞힌 정답의 수 X에 대하여 다음을 구하여라.

(1) $P(X=4)$　　(2) X의 기댓값과 분산

•풀이• X는 성공할 확률이 0.2인 베르누이 시행을 20회 독립적으로 반복할 때 나오는 성공 횟수이므로 $X \sim B(20,\ 0.2)$이다.

(1) $P(X=4)=\binom{20}{4}0.2^4 \times 0.8^{16}=0.218$

(2) $E(X)=20 \times 0.2=4, \ Var(X)=20 \times 0.2 \times 0.8=3.2$

예 3.3.2 어떤 질병의 치료에 80% 효과가 있는 치료법이 있다고 하자. 이 질병이 있는 환자 10명에게 치료법을 시행하였을 때 다음을 구하여라.

(1) 치료된 환자의 수가 6명일 확률

(2) 치료된 환자 수의 평균과 분산

•풀이• 10명의 환자 중에서 치료된 환자의 수를 X라 하자. 환자가 치료되면 성공, 치료되지 않으면 실패라 하고 환자에 대한 유전적 특성을 고려하지 않으면 성공할 확률이 0.8인 베르누이 시행을 10회 독립적으로 반복할 때 나오는 성공 횟수가 X이므로 $X \sim B(10,\ 0.8)$이다.

(1) $P(X=6) = \binom{10}{6} 0.8^6 \times 0.2^4 = 0.088$

(2) $E(X) = 10 \times 0.8 = 8$, $Var(X) = 10 \times 0.8 \times 0.2 = 1.6$

3.4 포아송분포

$X \sim B(n,\ p)$일 때, $np = \lambda$ (양의 상수)라 놓고 $n \to \infty$으로 취하면

$$p = \frac{\lambda}{n} \to 0$$

이고, $x = 0,\ 1,\ 2,\ \cdots$에 대하여

$$P(X=x) = \binom{n}{x} p^x (1-p)^{n-x} \to e^{-\lambda} \frac{\lambda^x}{x!}$$

이 성립하는 것으로 알려져 있다. 일반적으로 $\lambda > 0$일 때, 확률변수 X의 확률함수가

$$p(x) = e^{-\lambda} \frac{\lambda^x}{x!}, \quad x = 0,\ 1,\ 2,\ \cdots$$

이면, X는 '모수 λ를 갖는 **포아송 확률변수**(Poisson random variable)'라 하고 $X \sim POI(\lambda)$로 나타낸다.

정리 3.4.1

$X \sim POI(\lambda)$일 때, X의 기댓값과 분산은 다음과 같다.

$$E(X) = \lambda, \quad Var(X) = \lambda$$

포아송분포는 n이 충분히 크고 p가 충분히 작은 경우에 이항분포 $B(n, p)$의 근사적 분포로 이용될 뿐 아니라 하루 동안 어떤 서버에 접속하는 고객의 수, 문서 한 페이지에서 발견되는 오탈자의 수 등과 같이 일정 시간 또는 일정 공간에서 일어나는 어떤 사건의 발생 횟수에 대한 확률분포로서 유용하게 사용된다. 포아송분포를 적용하기 위한 조건은 다음과 같다.

(i) 겹치지 않는 시간(공간)에서 일어나는 사건의 발생 횟수는 서로 독립이다.
(ii) 사건의 발생 횟수 분포는 시간(공간)의 길이(면적)에만 영향을 받는다.
(iii) 길이(면적)가 h인 짧은 시간(작은 공간)에서 사건이 1회 일어날 확률은 λh에 가깝다.
(iv) 짧은 시간(작은 공간)에서 사건이 2회 이상 일어날 확률은 0에 가깝다.

예 3.4.1 불량품의 비율이 1%인 어느 회사의 제품 중에서 200개의 제품을 임의로 검사할 때 불량품이 3개 나올 확률을 구하여라.

•풀이• 200개의 제품을 임의로 검사할 때 나오는 불량품의 개수를 X라 하자.

(1) $X \sim B(200, 0.01)$를 적용하면

$$P(X=3) = \binom{200}{3} 0.01^3 \times 0.99^{197} = 0.181355$$

(2) 평균이 $\lambda = 200 \times 0.01 = 2$인 포아송분포를 적용하면

$$P(X=3) = e^{-2}\frac{2^3}{3!} = 0.180447$$

예 3.4.2 어느 고속도로에서 한 달에 평균 3건의 교통사고가 발생한다고 가정하고 다음을 구하여라.

(1) 한 달 동안 2번의 교통사고가 발생할 확률

(2) 두 달 동안 4번의 교통사고가 발생할 확률

•풀이• (1) 한 달 동안 발생하는 교통사고의 수 X는 평균이 3인 포아송분포이므로

$$P(X=2)=e^{-3}\frac{3^2}{2!}=0.22404$$

(2) 두 달 동안 발생하는 교통사고의 수 Y는 평균이 6인 포아송분포이므로

$$P(Y=4)=e^{-6}\frac{6^4}{4!}=0.13385$$

3.5 기하분포와 음이항분포

이항분포에서는 시행횟수 n을 정해놓고 그 중에서 성공 횟수를 관찰하였다. 이제, 시행 횟수는 정하지 않고 처음으로 성공이 나올 때까지의 시행 횟수를 관찰하는 경우를 생각하자.

성공할 확률이 $p(0<p<1)$인 베르누이 시행을 독립적으로 반복할 때 처음으로 성공이 나올 때까지의 시행 횟수를 X라고 하면 X의 확률함수는 다음과 같다.

$$p(x)=p(1-p)^{x-1},\quad x=1,\ 2,\ \cdots$$

이때, 확률변수 X는 '모수 p를 갖는 **기하확률변수**(geometric random variable)'라 하고 $X\sim GEO(p)$로 나타낸다.

정리 3.5.1

$X\sim GEO(p)$일 때, X의 기댓값과 분산은 다음과 같다.

$$E(X)=\frac{1}{p},\quad Var(X)=\frac{1-p}{p^2}$$

예 3.5.1 타율이 2할인 어떤 야구선수가 처음으로 안타를 치는 타석을 X라 하자.

매 타석마다 안타를 치는 사건이 독립이라 가정하고 다음을 구하여라.

(1) $P(X=3)$ (2) X의 기댓값과 분산

•풀이• (1) $X \sim GEO(0.2)$이므로 $P(X=3) = 0.2 \times 0.8^2 = 0.128$

(2) $E(X) = \dfrac{1}{0.2} = 5$, $Var(X) = \dfrac{1-0.2}{0.2^2} = 20$

예 3.5.2 흰 공 4개와 검은 공 6개가 들어 있는 항아리에서 복원 추출로 공을 하나씩 꺼내는 시행에서, 흰 공이 처음 나올 때까지 시행 횟수를 X라 할 때 다음을 구하여라.

(1) $P(X=3)$ (2) X의 기댓값과 분산

•풀이• (1) $X \sim GEO(0.4)$이므로 $P(X=3) = 0.4 \times 0.6^2 = 0.144$

(2) $E(X) = \dfrac{1}{0.4} = 2.5$, $Var(X) = \dfrac{1-0.4}{0.4^2} = 3.75$

성공할 확률이 $p(0<p<1)$인 베르누이 시행을 독립적으로 반복할 때 k회 성공이 나올 때까지의 시행 횟수를 X라고 하면 X의 확률함수는 다음과 같다.

$$p(x) = \binom{x-1}{k-1} p^k (1-p)^{x-k}, \quad x = k, k+1, \cdots$$

이때, 확률변수 X는 '모수 (k, p)를 갖는 **음이항 확률변수**(negative binomial random variable)'라 하고 $X \sim NB(k, p)$로 나타낸다. 음이항분포의 특수한 경우로서 $NB(1, p)$가 $GEO(p)$임은 쉽게 알 수 있다.

정리 3.5.2 $X \sim NB(k, p)$일 때, X의 기댓값과 분산은 다음과 같다.

$$E(X) = \frac{k}{p}, \quad Var(X) = \frac{k(1-p)}{p^2}$$

예 3.5.3 흰 공 4개와 검은 공 6개가 들어있는 항아리에서 복원 추출로 공을 하나씩 꺼내는 시행에서, 흰 공이 두 번 나올 때까지 시행 횟수를 X라 할 때 다음을 구하여라.

(1) $P(X=3)$　　　　(2) X의 기댓값과 분산

•풀이• (1) $X \sim NB(2,\ 0.4)$이므로 $P(X=3) = \binom{2}{1} 0.4^2 \times 0.6 = 0.192$

(2) $E(X) = \dfrac{2}{0.4} = 5,\ \ Var(X) = \dfrac{2(1-0.4)}{0.4^2} = 7.5$

참고▸▸▸

음이항분포라는 명칭은 음의 이항급수 전개에서 유래된 것이다. 즉, $-1 < a < 1$이고 n이 양의 정수일 때

$$(1-a)^{-n} = \sum_{j=0}^{\infty} \binom{-n}{j} (-a)^j = \sum_{j=0}^{\infty} \binom{j+n-1}{j} a^j$$

을 음의 이항급수 전개라고 한다. 음이항분포에서 $q = 1-p$로 놓으면

$$\begin{aligned}\sum_{x=k}^{\infty} \binom{x-1}{k-1} p^k q^{x-k} &= p^k \sum_{j=0}^{\infty} \binom{j+k-1}{k-1} q^j \\ &= p^k \sum_{j=0}^{\infty} \binom{j+k-1}{j} q^j \\ &= p^k (1-q)^{-k} = 1\end{aligned}$$

이 되어 확률함수가 되기 위한 요구조건이 만족된다.

3.6 초기하분포

4개의 흰 공과 6개의 검은 공이 들어 있는 항아리에서 2개의 공을 꺼낼 때 나오는 흰 공의 개수를 X라 하자. 복원 추출인 경우는 두 번의 시행이 독립이므로 $X \sim B(2,\ 0.4)$을 적용하여

$$E(X) = 2\times 0.4 = 0.8, \quad Var(X) = 2\times 0.4\times 0.6 = 0.48$$

이다. 그러나 비복원 추출인 경우는 두 번의 시행이 독립이 아니므로 이항분포를 적용할 수 없으므로 X의 확률분포는 직접 계산하여 기댓값과 분산을 구해보자.

$$P(X=0) = \frac{6}{10}\times\frac{5}{9} = \frac{1}{3}$$

$$P(X=1) = \frac{4}{10}\times\frac{6}{9}+\frac{6}{10}\times\frac{4}{9} = \frac{8}{15}$$

$$P(X=2) = \frac{4}{10}\times\frac{3}{9} = \frac{2}{15}$$

이므로

$$E(X) = 0\times\frac{1}{3}+1\times\frac{8}{15}+2\times\frac{2}{15} = 0.8$$

$$E(X^2) = 0^2\times\frac{1}{3}+1^2\times\frac{8}{15}+2^2\times\frac{2}{15} = \frac{16}{15}$$

$$Var(X) = \frac{16}{15}-0.8^2 = \frac{32}{75}$$

이다. 즉, 기댓값은 추출 방법에 관계없이 같지만 분산은 추출 방법에 따라 달라진다. 이제 2개의 공을 동시에 꺼내는 경우를 고려하면

$$P(X=0) = \binom{6}{2}/\binom{10}{2} = \frac{15}{45} = \frac{1}{3}$$

$$P(X=1) = \binom{4}{1}\binom{6}{1}/\binom{10}{2} = \frac{24}{45} = \frac{8}{15}$$

$$P(X=2) = \binom{4}{2}/\binom{10}{2} = \frac{6}{45} = \frac{2}{15}$$

이므로 비복원 추출인 경우와 확률분포가 동일하다.

일반적으로, N개의 원소로 이루어진 모집단에서 범주 A의 원소가 M개 있다고 하자. 이 중에서 임의로 n개를 추출할 때 나오는 범주 A에 속한 원소의 개수를 X라 하면

$$P(X=x) = \frac{\binom{M}{x}\binom{N-M}{n-x}}{\binom{N}{n}}, \quad x=0,\ 1,\ \cdots,\ n$$

이다. 이와 같은 확률분포를 '**초기하분포**(hypergeometric distribution)'라 하고 $X \sim HYP(N,\ M,\ n)$으로 나타낸다.

정리 3.6.1

$X \sim HYP(N,\ M,\ n)$일 때, X의 기댓값과 분산은 다음과 같다.

$$E(X) = n\frac{M}{N},\quad Var(X) = n\frac{M}{N}\left(1-\frac{M}{N}\right)\left(\frac{N-n}{N-1}\right)$$

예 3.6.1 4개의 흰 공과 6개의 검은 공이 들어 있는 항아리에서 임의로 5개의 공 꺼내는 시행에서 나오는 흰 공의 수를 X라 할 때, 다음을 구하여라.

(1) $P(X=2)$

(2) X의 기댓값과 분산

•풀이• (1) $X \sim HYP(10,\ 4,\ 5)$이므로 $P(X=2) = \dfrac{\binom{4}{2}\binom{6}{3}}{\binom{10}{5}} = \dfrac{6\times 20}{252} = \dfrac{10}{21}$

(2) $E(X) = 5\times\dfrac{4}{10} = 2,\quad Var(X) = 5\times\dfrac{4}{10}\times\left(1-\dfrac{4}{10}\right)\left(\dfrac{10-5}{10-1}\right) = \dfrac{2}{3}$

예 3.6.2 20개의 제품이 들어있는 상자 속에 불량품이 4개가 들어있다고 가정하자. 이 상자에서 임의로 5개의 제품을 추출하여 검사하는 시행에서 나오는 불량품의 개수를 X라 할 때, 다음을 구하여라.

(1) 불량품이 나올 확률

(2) X의 기댓값과 분산

•풀이• (1) $X \sim HYP(20,\ 4,\ 5)$이므로 $P(X=0) = \binom{4}{0}\binom{16}{5}/\binom{20}{5} = \dfrac{91}{323}$이다.

따라서 불량품이 나올 확률은

$$1-P(X=0) = 1-\frac{91}{323} = \frac{232}{323}$$

(2) $E(X) = 5\times\dfrac{4}{20} = 1,\quad Var(X) = 5\times\dfrac{4}{20}\times\left(1-\dfrac{4}{20}\right)\left(\dfrac{20-5}{20-1}\right) = \dfrac{12}{19}$

3.7 엑셀을 이용한 이산분포의 확률 계산

엑셀의 상단메뉴에서 수식 → 함수 더 보기 → 통계를 선택하면 통계에 사용되는 다양한 함수기능을 활용할 수 있다. 예제를 통하여 이산분포의 확률을 계산해보자.

예 3.7.1 $X \sim B(20,\ 0.2)$일 때

(1) $P(X=4)$를 구하는 과정

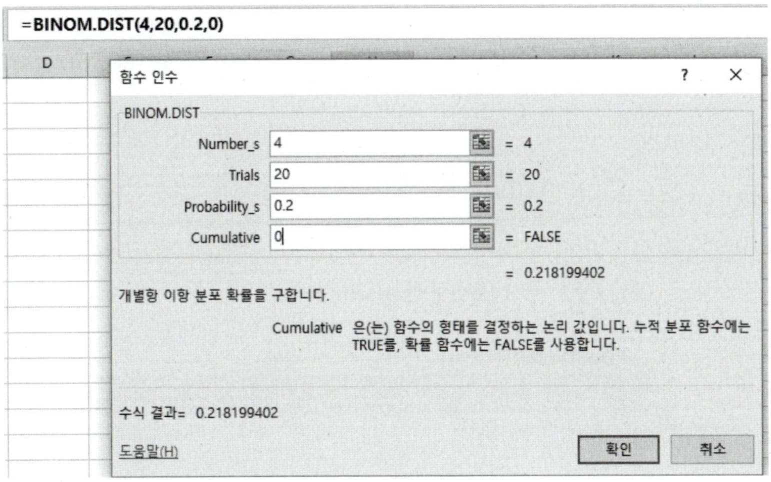

(2) $P(X \leq 4)$를 구하는 과정

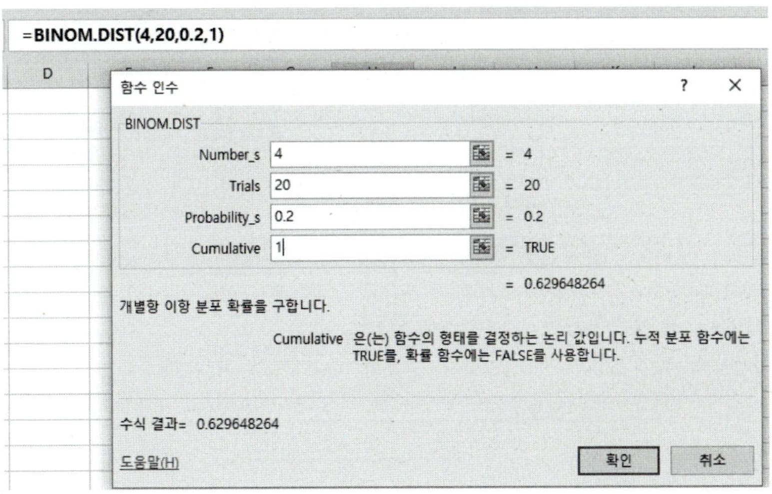

예 3.7.2 $X \sim POI(2)$일 때

(1) $P(X=4)$를 구하는 과정

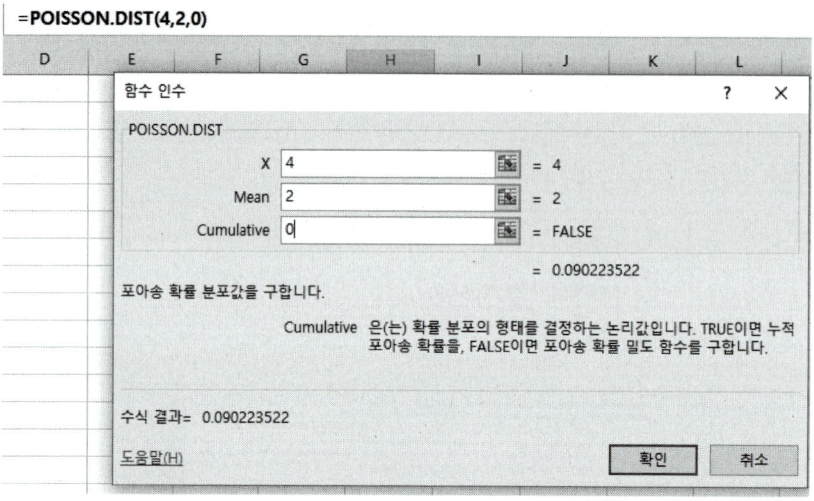

(2) $P(X \le 4)$를 구하는 과정

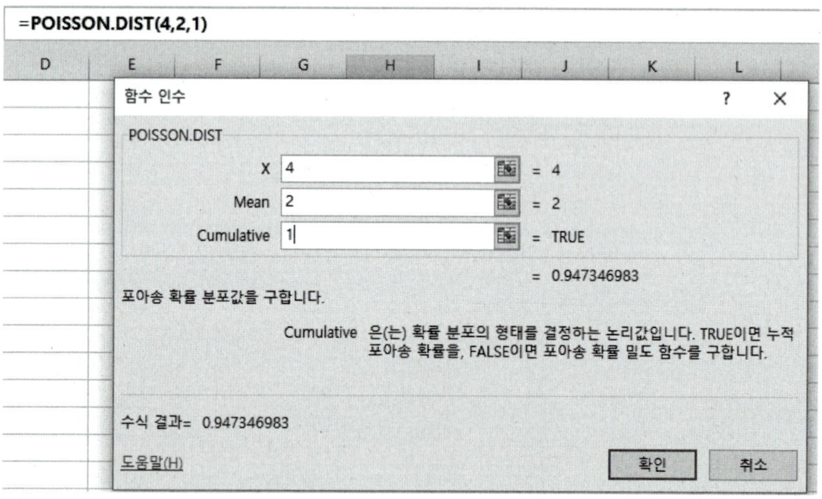

예 3.7.3 $X \sim GEO(0.4)$일 때 $P(X=4)$를 구하는 과정

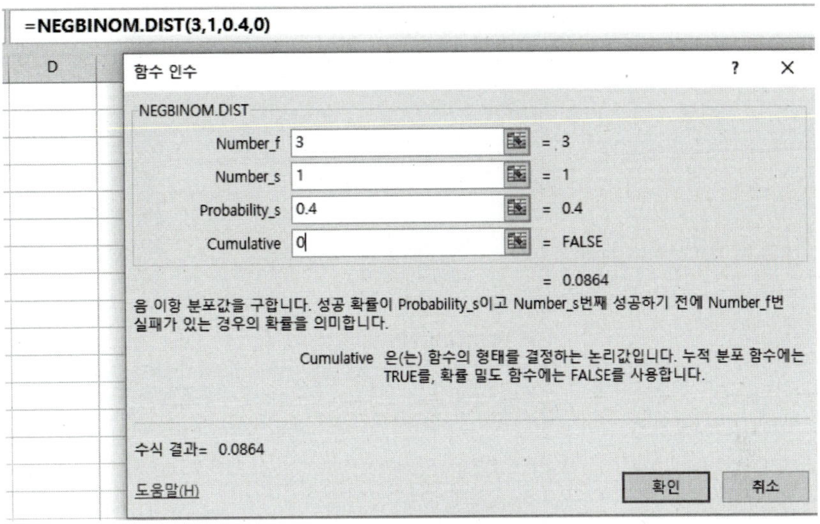

예 3.7.4 $X \sim NB(2,\ 0.4)$일 때 $P(X \leq 3)$를 구하는 과정

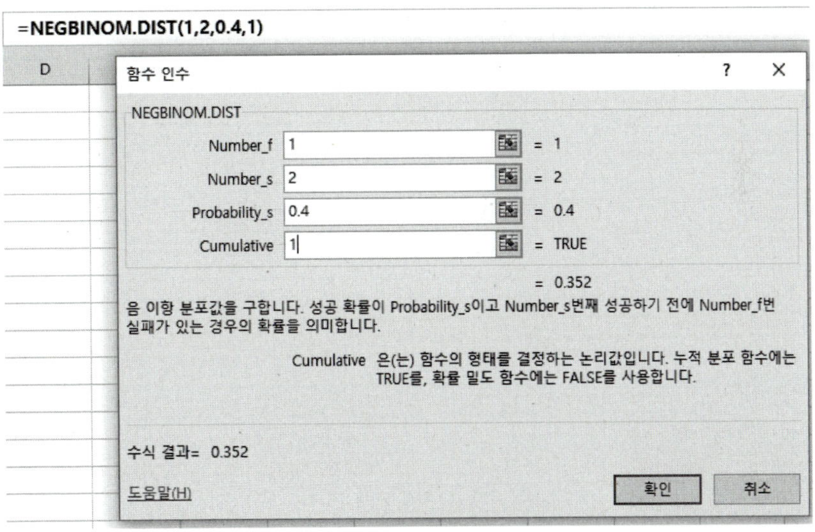

예 3.7.5 $X \sim HYP(10,\ 4,\ 5)$일 때 $P(X=2)$를 구하는 과정

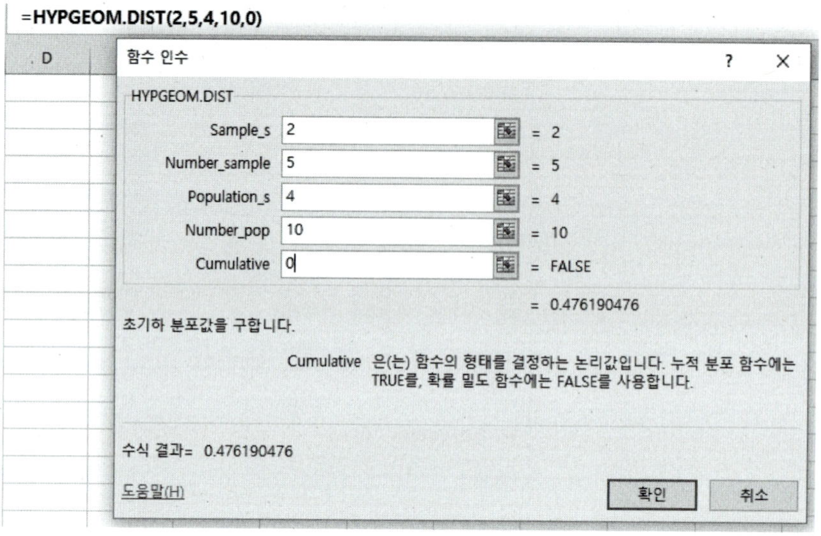

연습문제

1. X의 확률분포가 다음과 같다고 하자.

x	0	1	2	3	4
$p(x)$	1/6	1/3	1/12	1/6	1/4

(1) X의 기댓값을 구하여라.

(2) X의 분산을 구하여라.

2. 공정한 동전 4개를 던지는 시행에서 앞면이 나오는 횟수를 X라 할 때, 다음을 구하여라.

(1) X의 확률분포

(2) X의 기댓값과 X^2의 기댓값

3. 공정한 주사위 5개를 던지는 시행에서 3의 배수가 나오는 횟수를 X라 할 때, 다음을 구하여라.

(1) $P(X=2)$

(2) X의 기댓값과 분산

4. 어느 통계학 교재의 한 페이지에서 발생하는 오탈자의 수는 평균이 2인 포아송분포를 따른다고 할 때, 세 페이지에서 발생하는 오탈자의 수가 4일 확률을 구하여라.

5. 타율이 0.25인 어떤 야구선수가 있다. 매 타석마다 안타를 칠 사건이 서로 독립이라고 가정할 때, 다음의 확률을 구하여라.

(1) 3타석에서 처음으로 안타를 칠 확률

(2) 5타석에서 두 번째 안타를 칠 확률

(3) 처음으로 안타를 치는 타석의 기댓값과 분산

(4) 두 번째 안타를 치는 타석의 기댓값과 분산

6. 11명으로 구성된 자문위원회에서 어느 정책에 대하여 반대 위원이 4명이라고 한다. 자문위원 가운데 임의로 5명을 선정할 때 포함된 반대 위원의 수를 X라 할 때 다음을 구하여라.
   (1) $P(X=2)$
   (2) X의 기댓값과 분산

7. 명중률이 각각 1/3, 1/4인 양궁선수 갑과 을이 동시에 목표물을 향해 활을 쏘아 먼저 한 명이 목표물을 명중시키는 사람이 이기는 게임을 한다고 할 때, 다음을 구하여라.
   (1) 갑이 이길 확률
   (2) 을이 이길 확률

8. 문제 2.7에서 우승 상금이 1억 원이면, 갑의 기대 상금액은 얼마인가?

연속확률분포 4장

4.1 연속확률변수

이산확률변수에 대한 모든 정보는 3장에서 다룬 바와 같이 확률함수에 의하여 구할 수 있다. 그러나 치역이 어떤 구간인 연속확률변수에 대해서는 이러한 접근방법이 더 이상 적용되지 않는다. 예를 들어, 구간 $[0,\ 1]$에서 임의로 한 개 선택한 수를 X라고 하면 $0 \le a \le b \le 1$에 대하여

$$P(a \le X \le b) = b - a$$

로 주어지고, $P(X = a) = 0$이므로 확률함수 값은 항상 0이 된다. 따라서 이산확률변수에 대한 확률함수의 역할을 대체하여 연속확률변수에 대한 정보를 제공해줄 함수가 필요한데, 이러한 함수를 **확률밀도함수**(probability density function)라고 한다.

함수 $f(x)$가 다음의 세 조건을 만족할 때, X의 확률밀도함수(probability density function 간단히, pdf)라고 한다.

(i) 모든 실수 x에 대하여 $f(x) \ge 0$,

(ii) $\int_{-\infty}^{\infty} f(x)\,dx = 1$,

(iii) $P(a \le X \le b) = \int_a^b f(x)\,dx$

이때, 임의의 실수 a에 대하여

$$P(X = a) = \int_a^a f(x)dx = 0$$

이므로 연속확률변수에 대한 확률함수는 어떤 정보도 제공하지 못한다. 임의의 $x \in R$에 대하여

$$F(x) = P(X \le x) = \int_{-\infty}^{x} f(t)\,dt$$

으로 정의되는 함수 F를 X의 **분포함수**라고 하는데, X의 분포함수 $F(x)$를 알면 X의 확률밀도함수는 다음과 같이 구할 수 있다.

$$\frac{d}{dx}F(x) = f(x)$$

연속확률변수에 대한 기댓값은 이산확률변수인 경우와 유사한 형태로 정의된다. 즉, 확률함수를 확률밀도함수로, $\sum$를 $\int$로 대체하여 정의한다.

정의 4.1.1

기댓값(Expectation)

연속확률변수 X의 확률밀도함수가 $f(x)$일 때

$$E(X) = \int_{-\infty}^{\infty} x f(x)\, dx$$

을 X의 기댓값이라고 한다.

정리 4.1.2

연속확률변수 X의 확률밀도함수가 $f(x)$일 때

$$E[g(X)] = \int_{-\infty}^{\infty} g(x) f(x)\, dx$$

이 성립한다.

연속확률변수의 분산과 표준편차도 이산확률변수의 경우와 마찬가지로 정의한다. 즉, 연속확률변수의 X의 기댓값을 $E(X) = \mu$라 할 때

$$Var(X) = E[(X-\mu)^2]$$

을 X의 분산이라 한다. 또한, 연속확률변수의 기댓값과 분산에 대하여도 정리 3.2.3과 정리 3.2.5가 성립한다.

예 4.1.1 X의 확률밀도함수가 다음과 같이 주어졌다고 할 때 다음을 구하여라.

$$f(x) = \begin{cases} cx, & 0 < x < 2 \\ 0, & \text{그 이외} \end{cases}$$

(1) 상수 c의 값

(2) $P(X > 1)$

(3) X의 분포함수

(4) $E(X)$와 $Var(X)$

•풀이• (1) $1 = \int_{-\infty}^{\infty} f(x)\,dx = c\int_{0}^{2} x\,dx = 2c$이므로 $c = \frac{1}{2}$이다.

(2) $P(X > 1) = \int_{1}^{\infty} f(x)\,dx = \frac{1}{2}\int_{1}^{2} x\,dx = \frac{3}{4}$이다.

(3) $0 < x < 2$일 때,

$$F(x) = \int_{\infty}^{x} f(t)dt = \frac{1}{2}\int_{0}^{x} tdt = \frac{1}{4}x^2$$이므로

$$F(x) = \begin{cases} 0, & x \le 0 \\ \frac{1}{4}x, & 0 < x < 2 \\ 1, & x \ge 2 \end{cases}$$

(4) $E(X) = \int_{-\infty}^{\infty} x f(x)\,dx = \frac{1}{2}\int_{0}^{2} x^2\,dx = \frac{4}{3}$

$E(X^2) = \int_{-\infty}^{\infty} x^2 f(x)\,dx = \frac{1}{2}\int_{0}^{2} x^3\,dx = 2$이므로

$$Var(X) = E(X^2) - \mu^2 = 2 - (\frac{4}{3})^2 = \frac{2}{9}$$

참고▸▸▸

확률밀도함수 $f(x)$를 나타낼 때 $f(x) = 0$인 경우는 생략한다. 예를 들어, 위의 예 4.1.1에서 $f(x) = \frac{1}{2}x,\ 0 < x < 2$으로 나타낸다.

4.2 균등분포

연속확률변수 중에서 가장 간단한 분포로서 평등분포 또는 일양분포라고도 부른다.

정의 4.2.1

균등분포

확률변수 X의 확률밀도함수가

$$f(x) = \frac{1}{b-a},\ a < x < b$$

일 때, X는 '구간 $[a,\ b]$ 위에서 **균등분포**(uniform distribution)를 따른다'고 하고 $X \sim U(a,\ b)$로 나타낸다.

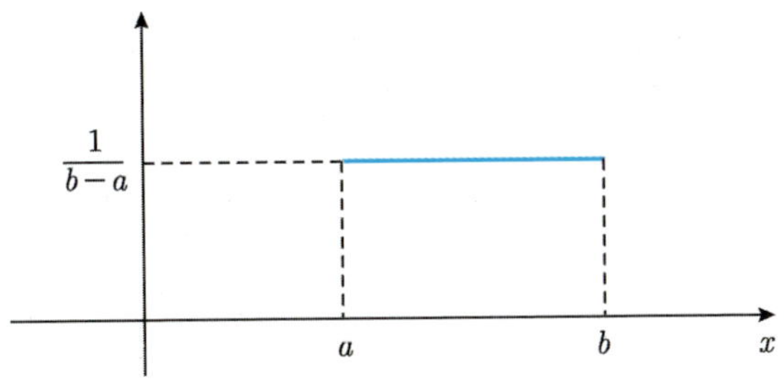

[그림 4.1]

정리 4.2.2

$X \sim U(a,\ b)$일 때, X의 기댓값과 분산은 다음과 같다.

$$E(X) = \frac{a+b}{2},\quad Var(X) = \frac{(b-a)^2}{12}$$

예 4.2.1 버스가 어떤 정거장에 7시부터 15분 간격으로 도착한다. 어떤 승객이 그 정거장에 도착하는 시간이 7시와 7시 30분 사이의 균등분포를 따른다고 할 때 다음을 구하여라.

(1) 승객이 버스를 기다리는 시간이 5분 이하일 확률

(2) 승객이 기다리는 시간의 평균과 분산

•풀이• (1) 승객이 정거장에 도착하는 시간을 7시 X분이라고 하면, $X \sim U(0,\ 30)$이다. 승객이 기다리는 시간이 5분 이하인 경우는 7시 10분~15분 또는 7시 25분~30분 사이에 정거장에 도착하는 경우이므로 구하는 확률은

$$\begin{aligned} &P(10 < X < 15) + P(25 < X < 30) \\ &= \int_{10}^{15} \frac{1}{30} dx + \int_{25}^{30} \frac{1}{30} dx = \frac{1}{3} \end{aligned}$$

(2) 승객이 기다리는 시간을 Y분이라고 하면, $0 < y < 15$에 대하여

$$P(Y \leq y) = P(15 - y < X < 15) + P(30 - y < X < 30)$$
$$= \int_{15-y}^{15} \frac{1}{30} dx + \int_{30-y}^{30} \frac{1}{30} dx = \frac{y}{15}$$

이므로 Y의 확률밀도함수는 $f_Y(y) = \frac{1}{15},\ 0 < y < 15$이다. 즉, $Y \sim U(0, 15)$이므로

$$E(Y) = \frac{15}{2} = 7.5, \quad Var(Y) = \frac{15^2}{12} = 18.75$$

4.3 지수분포

특정한 시간에 어떤 사건이 일어나는 횟수는 포아송분포를 따른다. 이에 반하여 어떤 사건이 일어날 때까지 걸리는 시간은 아래에서 정의되는 지수분포를 따르는 것으로 알려져 있다. 예를 들면, 어느 제품의 수명시간 또는 어떤 서버에 접속하기 위한 대기시간 등이 지수분포를 따른다.

정의 4.3.1

지수분포

확률변수 X의 확률밀도함수가

$$f(x) = \lambda e^{-\lambda x}, \quad x > 0$$

일 때, X는 '모수 $\lambda > 0$를 갖는 **지수분포**(exponential distribution)를 따른다'고 하고 $X \sim EXP(\lambda)$로 나타낸다.

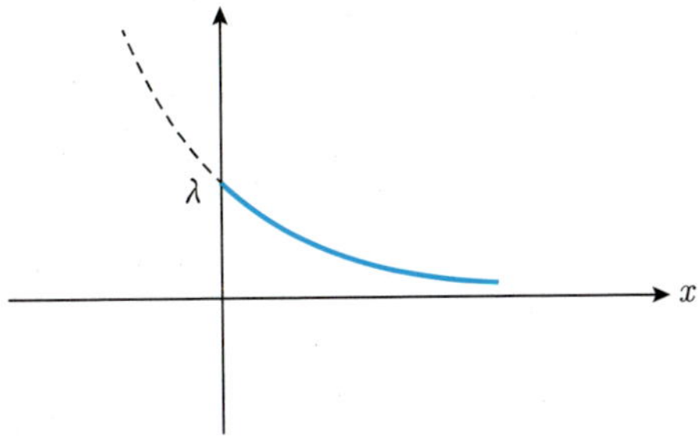

[그림 4.2]

정리 4.3.2

$X \sim EXP(\lambda)$일 때, X의 기댓값과 분산은 다음과 같다.

$$E(X) = \frac{1}{\lambda}, \quad Var(X) = \frac{1}{\lambda^2}$$

위 정리에 의하여 모수와 평균은 역수관계에 있음을 알 수 있다.

예 4.3.1 어느 회사에서 생산되는 전구의 수명이 지수분포를 따른다고 할 때, 다음을 구하여라.

(1) 회사에서 생산되는 전구 중에서 수명이 평균 이상인 전구의 비율

(2) 회사에서 생산된 전구를 임의로 50개를 선택하였을 때, 평균 수명 이상 사용할 수 있는 전구 수의 기댓값

•풀이• (1) 전구의 수명 X의 평균을 μ라고 하면

$$P(X \geq \mu) = \int_{\mu}^{\infty} \frac{1}{\mu} e^{-\frac{x}{\mu}} dx = e^{-1} = 0.368$$

이므로 수명이 평균 이상인 전구의 비율은 36.8%이다.

(2) 임의로 선택한 50개의 전구 중에서 평균 수명 이상 사용하는 전구의 개수를 Y라 하면, Y는 성공확률이 0.368인 베르누이 시행을 50회 시행하였을 때 나오는 성공 횟수이므로 $Y \sim B(50,\ 0.368)$이다. 따라서

$$E(Y) = 50 \times 0.368 = 18.4$$

4.4 정규분포

정규분포는 확률분포 중에서 가장 많이 사용되는 분포로서 가우스(Gauss)분포라고도 한다.

정의 4.4.1

정규분포

확률변수 X의 확률밀도함수가

$$f(x) = \frac{1}{\sigma\sqrt{2\pi}} \exp\left\{-\frac{(x-\mu)^2}{2\sigma^2}\right\}, \text{ 단 } \sigma > 0$$

일 때, X는 '모수 μ와 σ^2을 갖는 **정규분포**(normal distribution)를 따른다'고 하고 $X \sim N(\mu,\ \sigma^2)$로 나타낸다.

정규 확률밀도함수 $f(x)$의 그래프는 다음 그림과 같으며 직선 $x=\mu$에 대하여 대칭이다.

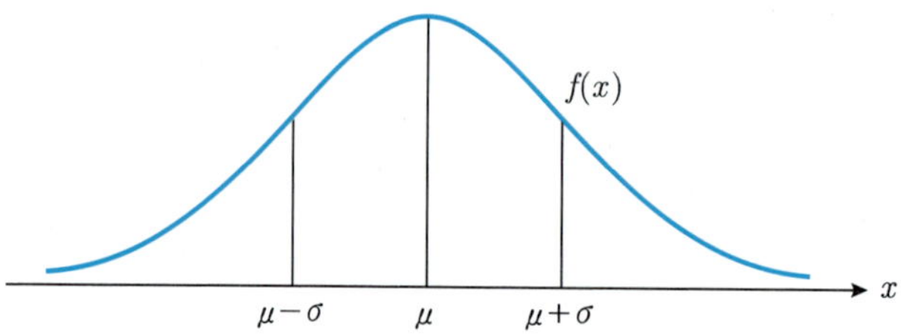

[그림 4.3]

정리 4.4.2

$X \sim N(\mu,\ \sigma^2)$일 때, X의 기댓값과 분산은 다음과 같다.

$$E(X) = \mu, \quad Var(X) = \sigma^2$$

평균 $\mu=0$, 표준편차 $\sigma=1$인 정규분포 $N(0,\ 1)$를 **표준정규분포**(standard normal distribution)라 하고, 표준정규 확률변수를 Z로 나타낸다. 즉, $Z \sim N(0,\ 1)$의 확률밀도함수는

$$f(x)=\frac{1}{\sqrt{2\pi}}e^{-\frac{x^2}{2}}$$

이고 y축에 대하여 대칭이다.

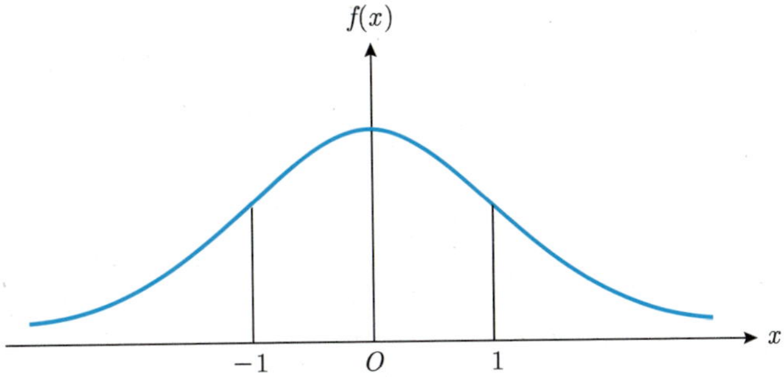

[그림 4.4]

표준정규분포에 대하여

$$P(0\le Z\le z)=\frac{1}{\sqrt{2\pi}}\int_0^z e^{-\frac{x^2}{2}}\,dx$$

은 부록 [표 3]에 표로 제시되었다. 일반적인 정규분포에 대한 확률을 계산하기 위하여 다음의 정리가 유용하게 사용된다.

정리 4.4.3

$X\sim N(\mu,\ \sigma^2)$일 때,

(1) $a\neq 0$이면 $aX+b\sim N(a\mu+b,\ a^2\sigma^2)$이다.

(2) $Z=\dfrac{X-\mu}{\sigma}\sim N(0,\ 1)$이다.

예 4.4.1 (1) $X\sim N(1,\ 4)$일 때 $P(-1\le X\le 2)$을 구하여라.

(2) 우리대학교 학생들의 키가 평균 169 cm, 표준편차가 5 cm인 정규분포를 근사적으로 따른다고 한다. 임의로 한 학생을 추출하였을 때, 그 학생의 키가 165 cm 이상이고 173 cm 이하일 확률을 구하여라.

•풀이• (1) $P(-1 \leq X \leq 2) = P\left(\frac{-1-1}{2} \leq \frac{X-1}{2} \leq \frac{2-1}{2}\right)$

$= P(-1 \leq Z \leq 0.5)$

$= P(0 \leq Z \leq 0.5) + P(0 \leq Z \leq 1)$

$= 0.1915 + 03413 = 0.5328$

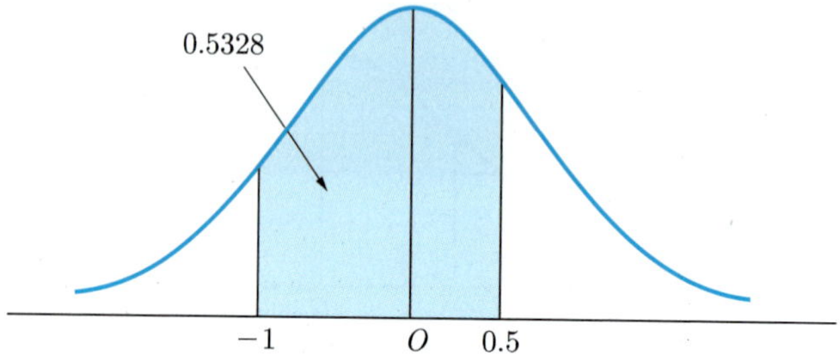

(2) 임의로 추출된 한 학생의 키를 X라 하면 $X \sim N(169,\ 5^2)$이므로

$P(165 \leq X \leq 173) = P\left(\frac{165-169}{5} \leq \frac{X-169}{5} \leq \frac{173-169}{5}\right)$

$= P(-0.8 \leq Z \leq 0.8)$

$= 2P(0 \leq Z \leq 0.8)$

$= 2 \times 0.2881 = 0.5762$

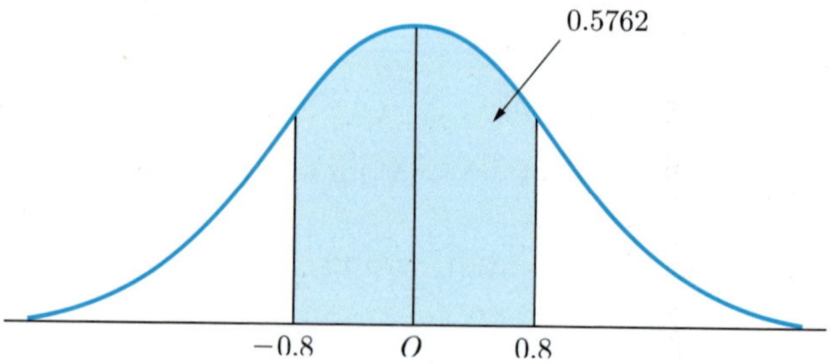

표준정규 확률변수 Z에 대하여 $0 < \alpha < \frac{1}{2}$일 때 $P(Z \geq c) = \alpha$를 만족하는 상수 c를 z_α로 나타낸다. 즉, $P(Z \geq z_\alpha) = \alpha$이다.

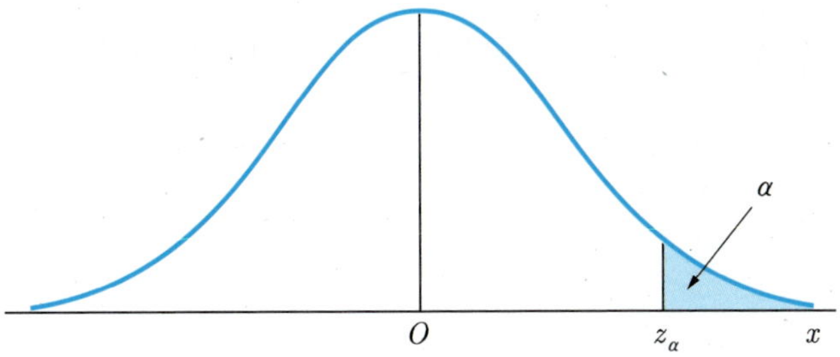

[그림 4.5]

자주 사용되는 z_α값은 부록 [표 4] t-분포표에서 자유도가 ∞인 경우의 값으로 구한다.

예 4.4.2 통계학 시험성적이 평균 75점, 표준편차 12인 정규분포를 따르고, 상위 5%인 학생에게 A^+학점을 주기로 하였다. 이때, A^+학점을 받는 점수는 몇 점 이상인가?

•풀이• 통계학 시험성적을 X, A^+학점은 x점 이상이라고 하면

$$P(X \geq x) = P\left(\frac{X-75}{12} \geq \frac{x-75}{12}\right)$$
$$= P\left(Z \geq \frac{x-75}{12}\right) = 0.05$$

이다. 따라서

$$\frac{x-75}{12} = z_{0.05} = 1.645$$

이므로 $x = 75 + 1.645 \times 12 = 94.74$이다.

4.5 엑셀을 활용한 연속분포의 확률 계산

예 4.5.1 평균이 5인 지수분포를 따르는 확률변수 X에 대하여

(1) $P(X \le 10)$를 구하는 과정은 $X \sim EXP(0.2)$이므로 다음과 같다.

=EXPON.DIST(10,0.2,1)

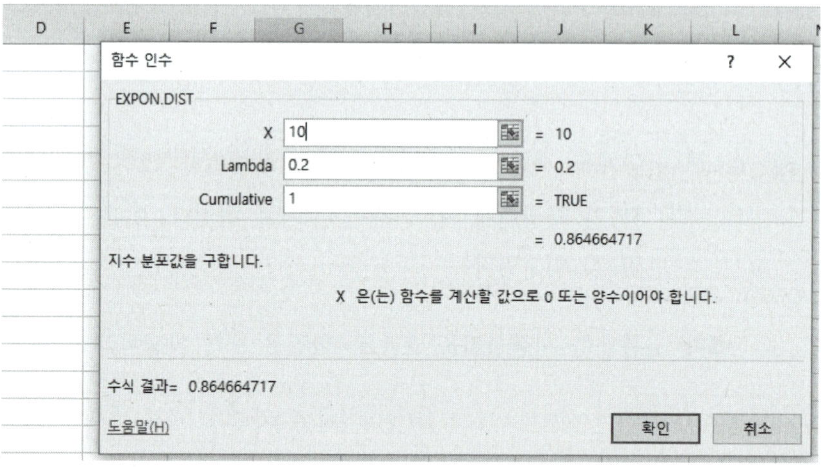

(2) X의 pdf $f(x) = \frac{1}{5} e^{-\frac{x}{5}}$, $x > 0$에 대하여 함수값 $f(10)$을 구하는 과정

=EXPON.DIST(10,0.2,0)

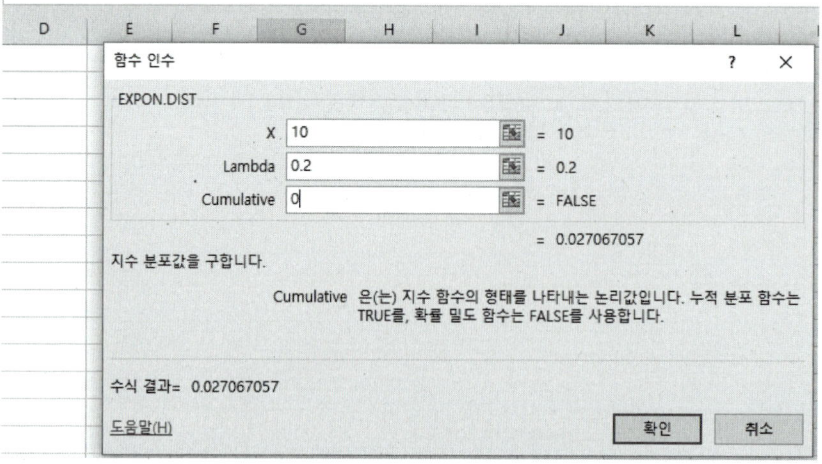

예 4.5.2 $X \sim N(5,\ 3^2)$일 때

(1) $P(X \leq 2)$을 구하는 과정

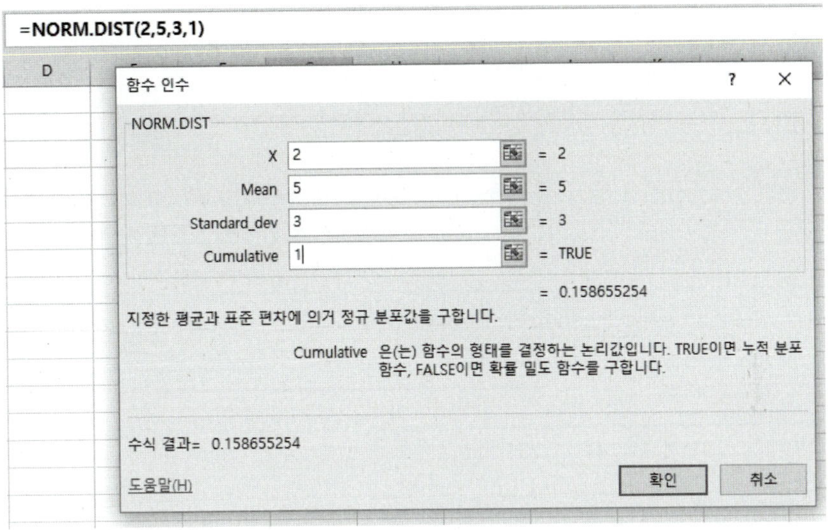

(2) X의 pdf $f(x) = \dfrac{1}{3\sqrt{2\pi}} \exp\left\{-\dfrac{(x-5)^2}{18}\right\}$에 대하여 함숫값 $f(2)$ 구하는 과정

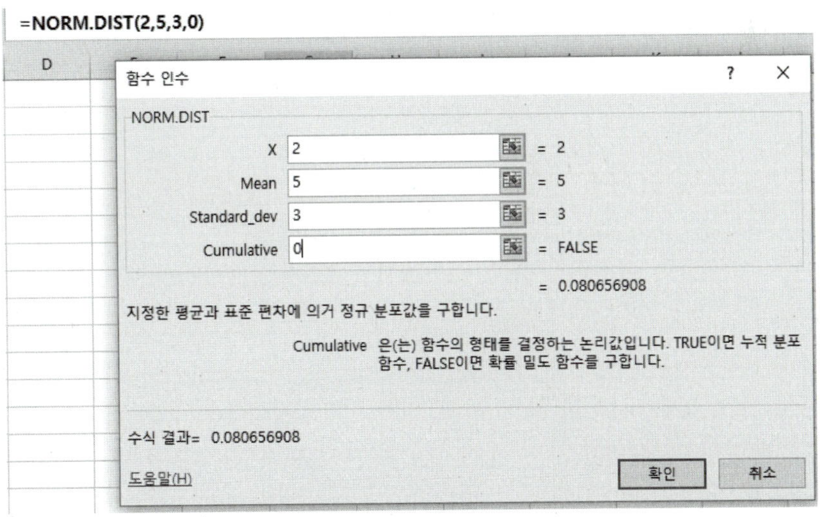

예 4.5.3 $Z \sim N(0,\ 1)$일 때 $P(Z \leq 2)$을 구하는 과정

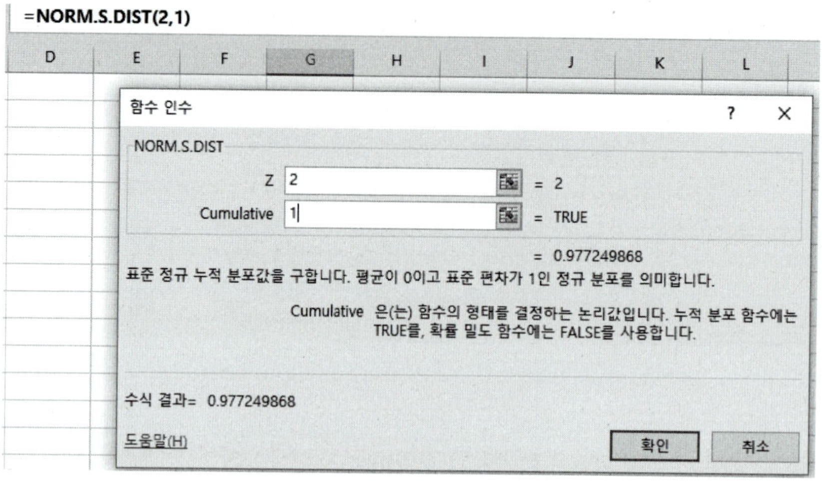

연습문제

1. X의 확률밀도함수가 $f(x)=c(4-x^2),\ 0<x<2$일 때, 다음을 구하여라.
   (1) 상수 c의 값
   (2) $P(X<1)$
   (3) X의 분포함수
   (4) X의 기댓값과 분산

2. X가 $(a,\ b)$ 위에서 균등분포를 따르고 $E(X)=2,\ Var(X)=3$일 때, a와 b의 값을 구하여라.

3. 은행에 도착한 고객이 업무를 보기 위해 대기하는 시간은 평균이 5분인 지수분포를 따른다고 한다. 어느 날 은행에서 고객 20명을 임의로 추출하여 대기시간을 조사할 때, 대기시간이 10분이상인 고객의 수에 대한 기댓값과 분산을 구하여라.

4. 평균 50, 표준편차 4인 정규분포를 따르는 확률변수 X에 대하여 다음 두 조건을 만족하는 상수 $a,\ b$의 값을 구하여라.

$$P(a \le X \le b)=0.95, \quad a+b=100$$

5. 통계학 시험점수가 평균 69점, 표준편차 12점인 정규분포를 따른다고 하자.
   (1) 60점 이하인 학생은 몇 %인가?
   (2) 하위 10%의 학생에게 F학점을 주기로 할 때, F학점은 몇 점 이하인가?
   (3) 10명을 임의로 추출하였을 때 60점 이하인 학생 수의 기댓값을 구하여라.

결합분포 5장

5.1 결합확률분포

앞 장에서는 확률변수가 한 개인 경우만을 다루었다. 그러나 하나의 확률실험에서 한 개의 요인에 의한 결과만을 얻고자 하는 경우보다는 두 개 이상의 요인에 의한 결과를 동시에 얻고자 하는 경우가 대부분이므로 두 개 이상의 확률변수를 동시에 다룰 필요가 있다. 이 장에서는 확률변수가 두 개인 경우를 중점적으로 다루고 일반적인 경우는 간단히 다루고자 한다.

동일한 표본공간 S 위에서 정의된 두 확률변수 X, Y가 주어진 경우에 표본공간 S의 각 원소 s에 대하여 $(X(s), Y(s)) \in R^2$을 대응시키는 함수를 (X, Y)로 나타내고, 이차원 확률벡터 또는 이변량 확률변수라고 부르고 (X, Y)의 확률분포를 X와 Y의 **결합확률분포** 또는 간단히 **결합분포**라 한다.

두 확률변수 X, Y가 이산일 때, 임의의 실수 x, y에 대하여

$$p(x, y) = P[(X, Y) = (x, y)] = P(X = x, Y = y)$$

로 정의된 함수 $p(x, y)$를 X와 Y의 **결합확률함수**(joint probability function)라고 한다. X와 Y의 결합확률함수 $p(x, y)$는 다음의 조건을 만족한다.

(i) 임의의 실수 x, y에 대하여 $0 \le p(x, y) \le 1$이다.

(ii) $\sum_x \sum_y p(x, y) = 1$

(iii) 임의의 집합 $A \subset R^2$에 대하여 $P[(X, Y) \in A] = \sum\sum_{(x, y) \in A} p(x, y)$

예 5.1.1 흰 공 2개, 검은 공 3개와 빨간 공 5개가 들어 있는 항아리에서 2개의 공을 임의로 추출할 때 나오는 흰 공의 수를 X, 검은 공의 수를 Y라고 할 때 다음을 구하여라.

(1) X와 Y의 결합확률분포

(2) $P(X < Y)$

(3) X의 확률분포

•풀이• (1) $x+y \le 2$를 만족하는 음이 아닌 정수 x, y에 대하여

$$p(x, y) = P(X=x, Y=y) = \frac{\binom{2}{x}\binom{3}{y}\binom{5}{2-x-y}}{\binom{10}{2}}$$

이므로, 다음과 같은 결합확률분포표를 얻는다.

x \ y	0	1	2	합계
0	$\frac{10}{45}$	$\frac{15}{45}$	$\frac{3}{45}$	$\frac{28}{45}$
1	$\frac{10}{45}$	$\frac{6}{45}$	0	$\frac{16}{45}$
2	$\frac{1}{45}$	0	0	$\frac{1}{45}$
합계	$\frac{21}{45}$	$\frac{21}{45}$	$\frac{3}{45}$	1

(2) $P(X<Y) = \sum\sum_{x<y} p(x, y) = p(0, 1) + p(0, 2) = \frac{18}{45} = \frac{2}{5}$.

(3) $P(X=x) = \frac{\binom{2}{x}\binom{8}{2-x}}{\binom{10}{2}}$, $x=0, 1, 2$이므로 다음과 같은 X의 확률분포표를 얻는다.

x	0	1	2
$P(X=x)$	$\frac{28}{45}$	$\frac{16}{45}$	$\frac{1}{45}$

위의 예제에서 살펴본 바와 같이, X의 확률분포는 결합확률분포표의 맨 우측 열과 일치한다. 마찬가지로, Y의 확률분포는 결합확률분포표의 맨 아래 행과 같다. 즉,

y	0	1	2
$P(Y=y)$	$\frac{7}{15}$	$\frac{7}{15}$	$\frac{1}{15}$

이와 같이 결합분포로부터 각각의 확률변수에 대한 확률분포를 구할 수 있는데 이것을 각각 X의 **주변확률분포**, Y의 **주변확률분포**라고 한다. 일반적으로 X와 Y의 **주변확률함수**는

$$p_X(x) = P(X = x), \quad p_Y(y) = P(Y = y)$$

으로 정의되고 X와 Y의 주변확률함수는 각각 다음과 같이 계산된다.

$$p_X(x) = \sum_y p(x,\ y), \quad p_Y(y) = \sum_x p(x,\ y)$$

이제 나올 수 있는 결과가 서로 배반인 사건 E_1, E_2, E_3 뿐이고, 각각의 확률이 $p_i = P(E_i),\ i = 1,\ 2,\ 3$인 시행을 n번 독립적으로 반복할 때 E_1이 일어나는 횟수를 X, E_2가 일어나는 횟수를 Y라 하면 X와 Y의 결합확률함수는 다음과 같다.

$$p(x,\ y) = \binom{n}{x,\ y} p_1^x\, p_2^y\, (1 - p_1 - p_2)^{n-x-y}$$

여기서 $\binom{n}{x,\ y} = \dfrac{n!}{x!\,y!\,(n-x-y)!}$이고 x와 y는 $0 \le x + y \le n$을 만족하는 정수이다. 이때 X와 Y는 '모수 $(n,\ p_1,\ p_2)$를 갖는 **다항분포**(multinomial distribution)를 따른다'고 하고, $(X,\ Y) \sim MULT(n,\ p_1,\ p_2)$로 나타낸다. 이 경우에 X와 Y의 주변확률분포를 구하면

$$X \sim B(n,\ p_1), \quad Y \sim B(n,\ p_2)$$

가 된다.

예 5.1.2 흰 공 2개, 검은 공 3개와 빨간 공 5개가 들어 있는 항아리에서 복원 추출로 5개의 공을 꺼내는 시행에서 다음을 구하여라.

(1) 흰 공이 두 번, 검은 공이 한 번 나올 확률

(2) 흰 공이 두 번 나올 확률

(3) 검은 공이 두 번 나올 확률

•풀이• 5번의 시행에서 흰 공이 나오는 횟수를 X, 검은 공이 나오는 횟수를 Y라 하자.

(1) $(X,\ Y) \sim MULT(5,\ 0.2,\ 0.3)$이므로

$$p(2,\ 1) = \binom{5}{2,\ 1} \times 0.2^2 \times 0.3 \times (1-0.2-0.3)^{5-2-1} = 0.09$$

(2) $X \sim B(5,\ 0.2)$이므로 $p_X(2) = \binom{5}{2} \times 0.2^2 \times (1-0.2)^{5-2} = 0.2048$

(3) $Y \sim B(5,\ 0.3)$이므로 $p_Y(2) = \binom{5}{2} \times 0.3^2 \times (1-0.3)^{5-2} = 0.3087$

이제, 결합연속확률분포에 대하여 다루어 보자. 두 확률변수 $X,\ Y$에 대하여 다음의 세 조건을 만족하는 이변수함수 $f(x,\ y)$를 X와 Y의 **결합확률밀도함수**(간단히, joint pdf) 라고 한다.

(i) 모든 실수 $x,\ y$에 대하여 $f(x,\ y) \geq 0$,

(ii) $\int_{-\infty}^{\infty} \int_{-\infty}^{\infty} f(x,\ y)\, dx\, dy = 1$

(iii) $P(a \leq X \leq b,\ c \leq Y \leq d) = \int_c^d \int_a^b f(x,\ y)\, dx\, dy$

이때, X와 Y의 **주변확률밀도함수**는 각각 다음과 같이 계산된다.

$$f_X(x) = \int_{-\infty}^{\infty} f(x,\ y)\, dy, \quad f_Y(y) = \int_{-\infty}^{\infty} f(x,\ y)\, dx$$

예 5.1.3 $\sigma_1 > 0,\ \sigma_2 > 0,\ -1 < \rho < 1$에 대하여

$$q(x,\ y) = \left(\frac{x-\mu_1}{\sigma_1}\right)^2 - 2\rho\left(\frac{x-\mu_1}{\sigma_1}\right)\left(\frac{y-\mu_2}{\sigma_2}\right) + \left(\frac{y-\mu_2}{\sigma_2}\right)^2$$

라 놓자. X와 Y의 결합 pdf가

$$f(x,\ y) = \frac{1}{2\pi\sigma_1\sigma_2\sqrt{1-\rho^2}} \exp\left\{-\frac{q(x,\ y)}{2(1-\rho^2)}\right\}$$

일 때 X와 Y는 '모수 $(\mu_1,\ \mu_2,\ \sigma_1^2,\ \sigma_2^2,\ \rho)$를 갖는 **이변량 정규분포**(bivariate normal distribution)를 따른다'고 하고, $(X,\ Y) \sim BN(\mu_1,\ \mu_2,\ \sigma_1^2,\ \sigma_2^2,\ \rho)$

로 나타낸다. 이때, X와 Y의 주변확률분포를 구하면 다음과 같다.

$$X \sim N(\mu_1,\ \sigma_1^2), \quad Y \sim N(\mu_2,\ \sigma_2^2)$$

5.2 공분산과 상관계수

공분산과 상관계수의 개념을 도입하기 위하여 확률벡터 $(X,\ Y)$와 함수 $g: R^2 \to R$의 합성에 의하여 얻어지는 확률변수 $g(X,\ Y)$의 기댓값을 먼저 다루자.

정리 5.2.1

(1) $(X,\ Y)$가 이산인 경우

$$E[g(X,\ Y)] = \sum_x \sum_y g(x,\ y)p(x,\ y)$$

(2) $(X,\ Y)$가 연속인 경우

$$E[g(X,\ Y)] = \int_{-\infty}^{\infty}\int_{-\infty}^{\infty} g(x,\ y)f(x,\ y)\,dx\,dy$$

이산인 경우의 예를 들면,

$$E(X+Y) = \sum_x \sum_y (x+y)p(x,\ y)$$
$$E(XY) = \sum_x \sum_y xy\,p(x,\ y)$$

이다. 특히, a, b, c가 상수일 때 다음이 성립한다.

$$E(aX+bY+c) = aE(X)+bE(Y)+c$$

두 확률변수 X, Y에 대하여 $E(X) = \mu_X$이고 $E(Y) = \mu_Y$일 때

$$Cov(X,\ Y) = E[(X-\mu_X)(Y-\mu_Y)]$$

을 X와 Y의 **공분산**(covarience)이라고 한다.

정리 5.2.2

공분산의 성질

(1) $Cov(X, Y) = E(XY) - \mu_X \mu_Y$

(2) $Cov(aX+b, cY+d) = ac\,Cov(X, Y)$

(3) $Var(aX+bY) = a^2 Var(X) + b^2 Var(Y) + 2ab\,Cov(X, Y)$

공분산은 두 확률변수의 연관성을 나타내는 측도로서 의미를 갖는 개념인데, 위 정리의 성질 (2)는 공분산이 확률실험의 측정 단위에 영향을 받아 다르게 나온다는 것을 의미한다. 이러한 단점을 보완하여 측정 단위에 영향을 받지 않는 측도로서 도입된 개념이 상관계수이다. 두 확률변수 X, Y의 표준편차가 각각 $\sigma_X > 0$, $\sigma_Y > 0$일 때,

$$Corr(X, Y) = \frac{Cov(X, Y)}{\sigma_X \sigma_Y}$$

을 X와 Y의 **상관계수**(correlation coefficient)이라고 한다.

정리 5.2.3

상관계수의 성질

(1) $-1 \le Corr(X, Y) \le 1$

(2) $Corr(aX+b, cY+d) = \begin{cases} Corr(X, Y) & \text{if } ac > 0 \\ -Corr(X, Y) & \text{if } ac < 0 \end{cases}$

(3) $Corr(X, Y) = 1 \Leftrightarrow Y = aX + b,\ a > 0$

$Corr(X, Y) = -1 \Leftrightarrow Y = aX + b,\ a < 0$

여기에서 성질 (3)이 시사해 주는 바와 같이 상관계수는 두 확률변수 사이의 선형관계의 정도를 나타내는 측도이다.

두 확률변수 X, Y가 이산일 때, $Corr(X, Y) = \rho$라 놓고 각각의 $s \in S$에 대하여 점 $(X(s), Y(s)) \in \mathbb{R}^2$을 평면 상에 찍어보면 다음과 같은 산점도가 나온다.

(i) $\rho = 1$이면 모든 점이 기울기가 양인 직선 위에, $\rho = -1$이면 모든 점이 기울기가 음인 직선 위에 분포되어 있다.

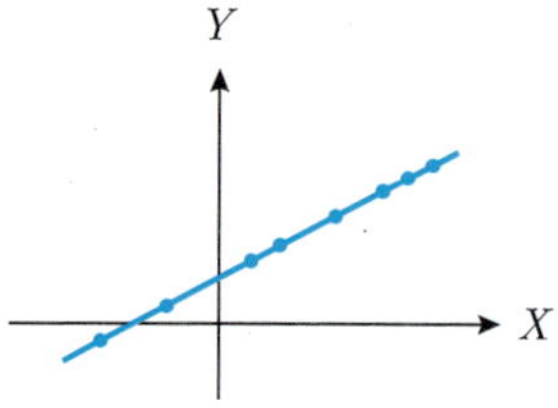

(a) $\rho = 1$인 경우

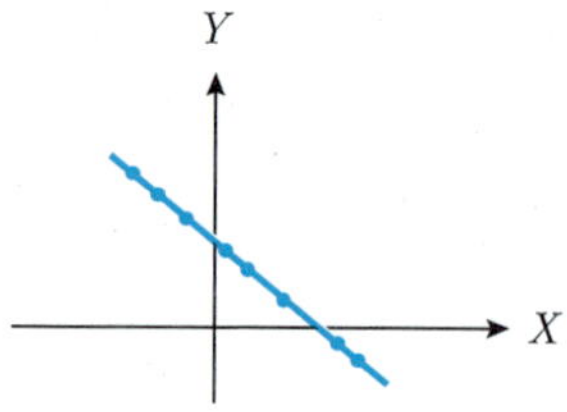

(b) $\rho = -1$인 경우

(ii) ρ가 1에 가까우면 기울기가 양인 직선 주위에, ρ가 -1에 가까우면 기울기가 음인 직선 주위에 분포되어 있다. 특히, $\rho > 0$이면 양의 상관관계, $\rho < 0$이면 음의 상관관계가 있다고 한다.

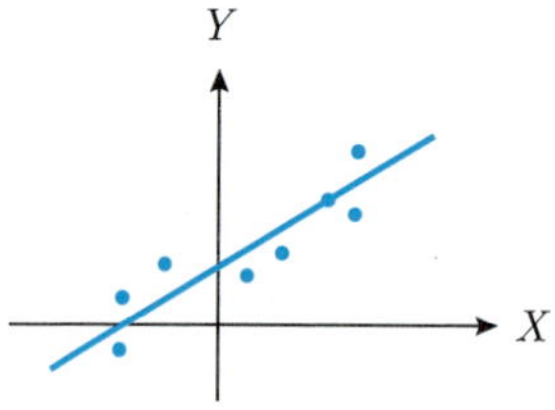

(c) $\rho = 0.8$인 경우

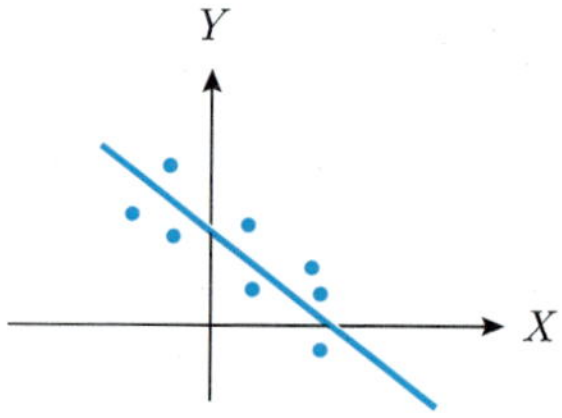

(d) $\rho = -0.8$인 경우

(iii) $\rho = 0$이면 직선과의 관계가 전혀 없으며, X와 Y는 상관관계가 없다고 말한다.

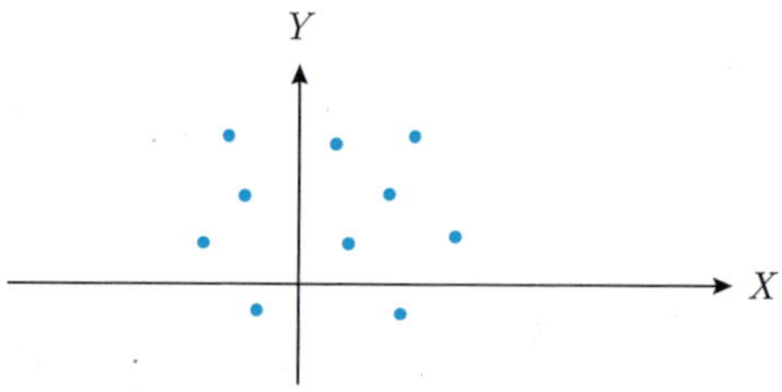

(e) $\rho = 0$인 경우

예 5.2.1 X와 Y의 결합확률분포가 다음과 같을 때 상관계수를 구하여라.

x \ y	0	1	2	합계
0	0.1	0.1	0	0.2
1	0.2	0.2	0.1	0.5
2	0	0.1	0.2	0.3
합계	0.3	0.4	0.3	1

•풀이•

$$E(X) = 0 \times 0.2 + 1 \times 0.5 + 2 \times 0.3 = 1.1$$

$$E(X^2) = 0^2 \times 0.2 + 1^2 \times 0.5 + 2^2 \times 0.3 = 1.7$$

$$Var(X) = 1.7 - 1.1^2 = 0.49$$

$$E(Y) = 0 \times 0.3 + 1 \times 0.4 + 2 \times 0.3 = 1$$

$$E(Y^2) = 0^2 \times 0.3 + 1^2 \times 0.4 + 2^2 \times 0.3 = 1.6$$

$$Var(Y) = 1.6 - 1^2 = 0.6$$

$$E(XY) = 1 \times 1 \times 0.2 + 1 \times 2 \times 0.1 + 2 \times 1 \times 0.1 + 2 \times 2 \times 0.2 = 1.4$$

이므로

$$Cov(X,\ Y) = 1.4 - 1.1 \times 1 = 0.3$$

$$Corr(X,\ Y) = \frac{0.3}{\sqrt{0.49}\sqrt{0.6}} = 0.55328$$

예 5.2.2 $(X,\ Y) \sim BN(\mu_1,\ \mu_2,\ \sigma_1^2,\ \sigma_2^2,\ \rho)$일 때, 예 5.1.2에 의하여

$$\mu_1 = E(X), \qquad \mu_2 = E(Y),$$

$$\sigma_1^2 = Var(X), \quad \sigma_2^2 = Var(Y)$$

이다. 여기에서 $\rho = Corr(X,\ Y)$인 것으로 알려져 있다.

5.3 확률변수의 독립성

2장에서 다룬 바와 같이, 두 사건 A, B에 대하여 $P(A \cap B) = P(A)P(B)$이 성립할 때 A와 B는 서로 독립이라고 정의하였다. 두 확률변수 X, Y가 주어졌을 때, 임의의 $a \le b$, $c \le d$에 대하여 사건 $\{a \le X \le b\}$와 $\{c \le Y \le d\}$가 서로 독립이면 확률변수 X와 Y는 서로 독립이라고 한다. 즉, 임의의 $a \le b$, $c \le d$에 대하여

$$P(a \le X \le b,\ c \le Y \le d) = P(a \le X \le b)P(c \le Y \le d)$$

가 성립할 때, X와 Y는 **서로 독립**이라고 한다.

정리 5.3.1

(1) (X, Y)가 이산일 때;

X와 Y가 서로 독립 $\Leftrightarrow$ 임의의 x, y에 대하여 $p(x, y) = p_X(x)p_Y(y)$

(2) (X, Y)가 연속일 때;

X와 Y가 서로 독립 $\Leftrightarrow$ 임의의 x, y에 대하여 $f(x, y) = f_X(x)f_Y(y)$

예 5.3.1 예 5.1.1에서 $p(0, 0) \ne p_X(0)p_Y(0)$이므로 X와 Y는 서로 독립이 아니다.

예 5.3.2 공정한 동전을 3회 던지는 시행을 생각하자. 첫 번째 시행에서 앞면이 나오는 횟수를 X, 두 번째와 세 번째 시행에서 앞면이 나오는 횟수를 Y라 할 때, X와 Y가 서로 독립인지 아닌지를 판별하여라.

•풀이• 표본공간 S와 확률벡터 (X, Y)의 대응관계는 다음과 같다.

S	HHH	HHT	HTH	HTT	THH	THT	TTH	TTT
(X, Y)	(1, 2)	(1, 1)	(1, 1)	(1, 0)	(0, 2)	(0, 1)	(0, 1)	(0, 0)

따라서, X와 Y의 결합확률분포는 다음과 같다.

x \ y	0	1	2	합계
0	$\frac{1}{8}$	$\frac{1}{4}$	$\frac{1}{8}$	$\frac{1}{2}$
1	$\frac{1}{8}$	$\frac{1}{4}$	$\frac{1}{8}$	$\frac{1}{2}$
합계	$\frac{1}{4}$	$\frac{1}{2}$	$\frac{1}{4}$	1

임의의 x, y에 대하여 $p(x, y) = p_X(x)p_Y(y)$이므로 X와 Y는 서로 독립이다.

기댓값의 성질로서 $E(X+Y) = E(X) + E(Y)$가 성립한다는 사실은 앞에서 다루었다. 예 5.2.1에서 살펴본 바와 같이 일반적으로 $E(XY) \neq E(X)E(Y)$이다. 그러나 X와 Y가 서로 독립일 때는 $E(XY) = E(X)E(Y)$이 성립한다. 이러한 사실은 이산인 경우에 다음과 같이 증명된다.

$$\begin{aligned} E(XY) &= \sum_x \sum_y xy\,p(x, y) \\ &= \sum_x \sum_y xy\,p_X(x)p_Y(y) \\ &= [\sum_x x\,p_X(x)][\sum_y y\,p_Y(y)] \\ &= E(X)E(Y) \end{aligned}$$

정리 5.3.2

X와 Y가 서로 독립이면 다음이 성립한다.

(1) $E[g(X)h(Y)] = E[g(X)]\,E[h(Y)]$

(2) $Cov(X, Y) = 0$, $Corr(X, Y) = 0$

(3) $Var(X+Y) = Var(X) + Var(Y)$

위 정리에 의하여 X와 Y가 서로 독립이면, X와 Y는 상관관계가 없다. 그러나 역은 성립하지 않는다.

예 5.3.3 X와 Y의 결합 확률분포는 다음과 같다고 하자.

x \ y	-1	0	1	합계
0	0	$\frac{1}{2}$	0	$\frac{1}{2}$
1	$\frac{1}{4}$	0	$\frac{1}{4}$	$\frac{1}{2}$
합계	$\frac{1}{4}$	$\frac{1}{2}$	$\frac{1}{4}$	1

이때, $E(X)=\frac{1}{2}$, $E(Y)=0$이고 $E(XY)=(-1)\times\frac{1}{4}+1\times\frac{1}{4}=0$이므로 $Cov(X,\ Y)=0$, $Corr(X,\ Y)=0$이다. 그러나 X와 Y는 서로 독립이 아니다.

예 5.3.4 예 5.1.2에서 $(X,\ Y)\sim BN(\mu_1,\ \mu_2,\ \sigma_1^2,\ \sigma_2^2,\ \rho)$일 때, X와 Y가 서로 독립이기 위한 동치조건은 $\rho=0$이다. 따라서 이변량 정규분포인 경우는 X와 Y가 서로 독립이라는 것과 X와 Y가 상관관계가 없다는 것은 서로 동치이다.

정리 5.3.3 X와 Y가 서로 독립이고 $X\sim N(\mu_1,\ \sigma_1^2)$, $Y\sim N(\mu_2,\ \sigma_2^2)$이면

$$X+Y\sim N(\mu_1+\mu_2,\ \sigma_1^2+\sigma_2^2)$$

5.4 n차원 확률벡터

동일한 표본공간에서 정의된 n개의 확률변수 $X_1,\ X_2,\ \cdots,\ X_n$을 간단하게 다루어 보자. n개의 확률변수 $X_1,\ X_2,\ \cdots,\ X_n$가 모두 이산일 때, 임의의 실수 $x_1,\ x_2,\ \cdots,\ x_n$에 대

하여

$$p(x_1,\ x_2,\ \cdots,\ x_n) = P(X_1 = x_1,\ X_2 = x_2,\ \cdots,\ X_n = x_n)$$

로 정의된 함수 $p(x_1,\ x_2,\ \cdots,\ x_n)$를 $X_1,\ X_2,\ \cdots\ ,\ X_n$의 결합확률함수라 하고, 이 함수는 다음의 조건을 만족한다.

(i) $0 \le p(x_1,\ x_2,\ \cdots,\ x_n) \le 1$

(ii) $\sum_{x_1} \cdots \sum_{x_n} p(x_1,\ x_2,\ \cdots,\ x_n) = 1$

(iii) 임의의 집합 $A \subset R^n$에 대하여

$$P[(X_1,\ \cdots\ ,\ X_n) \in A] = \sum_{(x_1,\ \cdots} \cdots \sum_{,\ x_n) \in A} p(x_1,\ \cdots,\ x_n)$$

이때, $X_1,\ \cdots\ ,\ X_n$의 주변확률함수는 각각 다음과 같다.

$$p_{X_1}(x_1) = \sum_{x_2} \cdots \sum_{x_n} p(x_1,\ x_2,\ \cdots,\ x_n)$$

$$\vdots$$

$$p_{X_n}(x_n) = \sum_{x_1} \cdots \sum_{x_{n-1}} p(x_1,\ \cdots,\ x_{n-1},\ x_n)$$

연속인 확률벡터$(X_1,\ X_2,\ \cdots\ ,\ X_n)$에 대하여 다음의 세 조건을 만족하는 다변수함수 $f(x_1,\ x_2,\ \cdots,\ x_n)$를 $X_1,\ X_2,\ \cdots\ ,\ X_n$의 결합확률밀도함수(간단히, joint pdf)라고 한다.

(i) $f(x_1,\ x_2,\ \cdots,\ x_n) \ge 0$,

(ii) $\int_{-\infty}^{\infty} \cdots \int_{-\infty}^{\infty} f(x_1,\ \cdots,\ x_n)\, dx_1 \cdots dx_n = 1$,

(iii) 임의의 집합 $A \subset R^n$에 대하여

$$P[(X_1,\ \cdots\ ,\ X_n) \in A] = \int \cdots \int_A f(x_1 \cdots,\ x_n)\, dx_1 \cdots dx_n.$$

이때, $X_1,\ \cdots,\ X_n$의 주변확률밀도함수는 각각 다음과 같이 계산된다.

$$f_{X_1}(x_1) = \int_{-\infty}^{\infty} \cdots \int_{-\infty}^{\infty} f(x_1, x_2, \cdots, x_n)\, dx_2 \cdots dx_n$$

$$\vdots$$

$$f_{X_n}(x_n) = \int_{-\infty}^{\infty} \cdots \int_{-\infty}^{\infty} f(x_1, \cdots, x_{n-1}, x_n)\, dx_1 \cdots dx_{n-1}$$

정리 5.4.1

(1) $(X_1, X_2, \cdots, X_n)$가 이산일 때,

$X_1, X_2, \cdots, X_n$가 서로 독립이기 위한 필요충분조건은 임의의 실수 $x_1, x_2, \cdots, x_n$에 대하여

$$p(x_1, x_2, \cdots, x_n) = p_{X_1}(x_1)\, p_{X_2}(x_2) \cdots p_{X_n}(x_n)$$

(2) $(X_1, X_2, \cdots, X_n)$가 연속일 때,

$X_1, X_2, \cdots, X_n$가 서로 독립이기 위한 필요충분조건은 임의의 실수 $x_1, x_2, \cdots, x_n$에 대하여

$$f(x_1, x_2, \cdots, x_n) = f_{X_1}(x_1)\, f_{X_2}(x_2) \cdots f_{X_n}(x_n)$$

정리 5.4.2

$X_1, X_2, \cdots, X_n$가 서로 독립이면 다음이 성립한다.

(1) $E[g_1(X_1) \cdots g_n(X_n)] = E[g_1(X_1)] \cdots E[g_n(X_n)]$

(2) $Var(a_1 X_1 + \cdots + a_n X_n) = a_1^2\, Var(X_1) + \cdots + a_n^2\, Var(X_n)$

정리 5.4.3

$X_1, X_2, \cdots, X_n$가 서로 독립이고 $X_i \sim N(\mu_i, \sigma_i^2)$이면 다음이 성립한다.

$$a_1 X_1 + \cdots + a_n X_n \sim N(a_1 \mu_1 + \cdots + a_n \mu_n,\ a_1^2 \sigma_1^2 + \cdots + a_n^2 \sigma_n^2)$$

연습문제

1. 흰 공 2개, 검은 공 3개, 빨간 공 5개가 들어있는 항아리에서 3개의 공을 꺼내는 시행에서 나오는 흰 공의 수를 X, 검은 공의 수를 Y라 할 때 다음을 구하여라.
   (1) 비복원 추출일 때 X와 Y의 결합확률분포
   (2) 복원 추출일 때 X와 Y의 결합확률분포

2. 공정한 동전을 3회 던지는 시행을 할 때 처음 두 번의 시행에서 앞면이 나오는 횟수를 X, 두 번째와 세 번째 시행에서 앞면이 나오는 횟수를 Y라 하자.
   (1) X와 Y의 결합확률분포를 구하여라.
   (2) $P(X > Y)$를 구하여라.
   (3) X와 Y가 서로 독립인지 아닌지를 판별하여라.

3. X와 Y의 결합 확률밀도함수가 다음과 같다 하자.

$$f(x,\ y) = ce^{-(x+y)},\ x > 0,\ y > 0$$

   (1) 상수 c의 값을 구하여라.
   (2) X와 Y가 서로 독립인지 아닌지를 판별하여라.
   (3) $P(X > Y)$를 구하여라.

4. X와 Y의 결합 확률밀도함수가 다음과 같다고 하자.

$$f(x,\ y) = cxy,\ 0 < x < y < 1$$

   (1) 상수 c의 값을 구하여라.
   (2) $P(X + Y < 1)$를 구하여라.
   (3) X와 Y가 서로 독립인지 아닌지를 판별하여라.

5. X와 Y의 결합확률분포가 다음과 같다고 하자.

x \ y	0	1	2
1	0.1	0.2	0.2
2	0.2	0.2	0.1

(1) $E(X)$와 $Var(X)$을 구하여라.

(2) $E(Y)$와 $Var(Y)$을 구하여라.

(3) $Corr(X, Y)$를 구하여라.

6. X와 Y의 결합 확률밀도함수가 다음과 같다고 하자.

$$f(x, y) = 2(x+y), \quad 0 < x < y < 1$$

(1) $E(X)$와 $Var(X)$을 구하여라.

(2) $E(Y)$와 $Var(Y)$을 구하여라.

(3) $Corr(X, Y)$를 구하여라.

표본분포 6장

6.1 랜덤표본

모집단의 특성을 나타내는 값을 모수라고 부르는데 모수를 모르는 경우에는 모집단으로부터 표본을 추출하여 얻은 정보를 이용하여 모수를 추정한다. 그러나 표본으로부터 얻는 정보는 표본을 어떻게 추출하느냐에 따라 큰 차이가 난다. 표본 추출 방법 중에서 모집단의 모든 원소가 뽑힐 확률이 같도록 추출하는 **단순랜덤추출법**(간단히, **랜덤추출법**)이 가장 많이 사용된다.

이제, 모집단이 다음과 같이 5개의 자료로 주어진 경우를 살펴보자.

$$1,\ 1,\ 2,\ 3,\ 3$$

이 모집단에 대한 평균과 분산을 계산하면 다음과 같다.

$$\mu = \frac{1+1+2+3+3}{5} = 2$$

$$\sigma^2 = \frac{(1-2)^2+(1-2)^2+(2-2)^2+(3-2)^2+(3-2)^2}{5} = \frac{4}{5}$$

이 모집단에서 랜덤추출법에 의하여 한 개의 표본을 추출할 때 나오는 값을 X라고 하면 X의 확률분포는 다음과 같다.

x	1	2	3
$p(x)$	$\frac{2}{5}$	$\frac{1}{5}$	$\frac{2}{5}$

X의 기댓값과 분산을 구하면

$$E(X) = 1\times\frac{2}{5} + 2\times\frac{1}{5} + 3\times\frac{2}{5} = 2$$

$$E(X^2) = 1^2\times\frac{2}{5} + 2^2\times\frac{1}{5} + 3^2\times\frac{2}{5} = \frac{24}{5}$$

$$Var(X) = E(X^2) - \mu^2 = \frac{24}{5} - 2^2 = \frac{4}{5}$$

이므로 모집단의 평균, 분산과 일치한다. 따라서 모집단은 하나의 확률분포로 간주할 수 있다.

모집단으로부터 n개의 표본을 추출할 때 나오는 값은 확정적인 값이 아니라 추출할 때마다 다른 값이 나올 수 있는 n개의 확률변수 X_1, X_2, $\cdots$, X_n로 나타낼 수 있고, 이들 확률변수는 모집단과 동일한 확률분포를 갖는다. 그런데 n개의 표본을 복원 추출로 뽑으면 확률변수 X_1, X_2, $\cdots$, X_n가 서로 독립이지만, 비복원 추출로 뽑으면 확률변수 X_1, X_2, $\cdots$, X_n은 서로 독립이 아니다.

예를 들어, 4개의 흰 공과 6개의 검은 공이 들어 있는 항아리에서 비복원 추출로 2개의 공을 꺼내는 경우를 생각하자. 흰 공을 1, 검은 공을 0으로 나타내면 모집단의 확률분포는 모수 $p = 0.4$인 베르누이 분포이므로 확률분포는 다음과 같다.

x	0	1	합계
$p(x)$	0.6	0.4	1

i 번째 추출된 표본을 X_i라고 하면, 앞에서 설명한 바와 같이 X_1의 확률분포는 모집단의 확률분포와 동일하다. 2장 4절에서 언급된 전 확률의 공식을 사용하여 X_2의 확률분포를 구하면

$$\begin{aligned} P(X_2 = 1) &= P(X_1 = 0)P(X_2 = 1 \mid X_1 = 0) + P(X_1 = 1)P(X_2 = 1 \mid X_1 = 1) \\ &= \frac{6}{10} \times \frac{4}{9} + \frac{4}{10} \times \frac{3}{9} = 0.4 \end{aligned}$$

이므로, X_2의 확률분포도 모집단과 동일하다. 또한,

$$P(X_2 = 1 \mid X_1 = 0) = \frac{4}{9}, \quad P(X_2 = 1 \mid X_1 = 1) = \frac{3}{9}$$

이므로 X_1과 X_2는 서로 독립이 아니다. 그러나 항아리 속에 4000개의 흰 공과 6000개의 검은 공이 들어 있다고 가정하면

$$P(X_2 = 1 \mid X_1 = 0) = \frac{4000}{9999}, \quad P(X_2 = 1 \mid X_1 = 1) = \frac{3999}{9999}$$

이 되어 두 확률의 차이가 $\frac{1}{9999}$이므로 독립이라고 가정해도 큰 차이가 나지 않는다.

일반적으로, 표본조사를 통하여 모수에 대한 정보를 얻고자 하는 경우는 모집단의 크기 N이 너무 커서 전수조사가 어려운 경우이므로 비록 비복원 추출이라 하더라도 복원 추출인 경우처럼 독립성을 가정한다. 따라서 서로 독립이고 모집단과 동일한 분포를 갖는 확률변수 $X_1,\ X_2,\ \cdots,\ X_n$을 모집단에서 추출한 크기 n의 **랜덤표본(확률표본)**이라고 한다. 또한, 랜덤표본 $X_1,\ X_2,\ \cdots,\ X_n$와 함수 g로부터 얻어지는 확률변수 $g(X_1,\ X_2,\ \cdots,\ X_n)$을 **통계량**이라 하고, 통계량의 확률분포를 **표본분포**라 한다. 실제로 n개의 표본을 추출하여 랜덤표본의 관측 값이

$$X_1 = x_1,\ X_2 = x_2,\ \cdots,\ X_n = x_n$$

일 때, 함숫값 $g(x_1,\ x_2,\ \cdots,\ x_n)$을 통계 값이라 한다.

예 6.1.1 평균이 μ, 분산이 σ^2인 모집단에서 추출한 랜덤표본 $X_1,\ X_2,\ \cdots,\ X_n$의 합을

$$Y = X_1 + X_2 + \cdots + X_n$$

라 놓으면 $E(X_i) = \mu,\ \ Var(X_i) = \sigma^2$이고, $X_1,\ X_2,\ \cdots,\ X_n$은 서로 독립이므로

$$E(Y) = E(X_1) + E(X_2) + \cdots + E(X_n) = n\mu$$
$$Var(Y) = Var(X_1) + Var(X_2) + \cdots + Var(X_n) = n\sigma^2$$

평균이 μ, 분산이 σ^2인 모집단에서 추출한 랜덤표본 $X_1,\ X_2,\ \cdots,\ X_n$에 대하여

$$\overline{X} = \frac{X_1 + X_2 + \cdots + X_n}{n}$$

을 **표본평균**이라 한다. $\overline{X} = \dfrac{Y}{n}$이므로

$$E(\overline{X}) = \mu,\ \ Var(\overline{X}) = \frac{\sigma^2}{n}$$

특히, $\overline{X}$의 표준편차 $sd(\overline{X}) = \dfrac{\sigma}{\sqrt{n}}$을 **표준오차**라고 부른다.

정리 6.1.1

평균이 μ, 분산이 σ^2인 모집단에서 추출한 크기 n의 랜덤표본의 표본평균 $\overline{X}$에 대하여 다음이 성립한다.

$$E(\overline{X}) = \mu,\ Var(\overline{X}) = \frac{\sigma^2}{n}$$

6.2 표본평균의 분포

모집단이 정규분포이면 각각의 랜덤표본 X_i에 대하여 $X_i \sim N(\mu,\ \sigma^2)$이므로 정리 5.4.3에 의하여 다음이 성립한다.

정리 6.2.1

정규모집단 $N(\mu,\ \sigma^2)$에서 추출한 크기 n인 랜덤표본이 $X_1,\ X_2,\ \cdots,\ X_n$일 때, 표본 합 $Y = X_1 + X_2 + \cdots + X_n$와 표본평균 $\overline{X}$에 대하여 다음이 성립한다.

(1) $Y \sim N(n\mu,\ n\sigma^2)$

(2) $\overline{X} \sim N(\mu,\ \frac{\sigma^2}{n})$

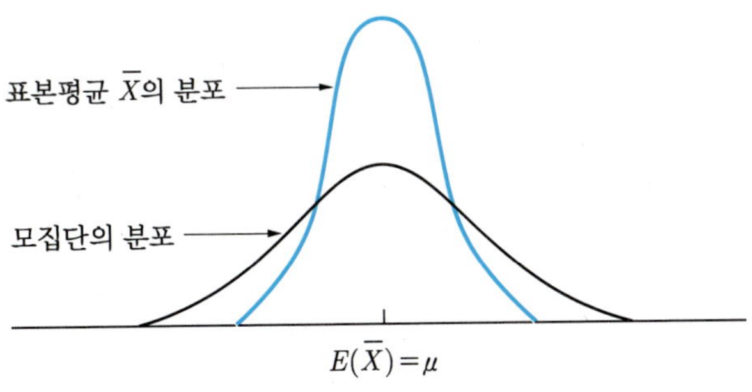

예 6.2.1 어느 공장에서 생산되는 전구의 수명이 평균 200시간이고, 표준편차가 10인 정규분포를 따른다고 가정하자. 이 공장에서 생산되는 전구 중에서 랜덤 추출한 16개 전구의 평균 수명을 $\overline{X}$라 할 때, 다음을 구하여라.

(1) $\overline{X}$가 195시간 이상이고 202.5시간 이내일 확률

(2) $P(\overline{X} > c) = 0.1$인 c의 값

•풀이• (1) $\overline{X} \sim N\left(200,\ \dfrac{10^2}{16}\right) = N(200,\ 2.5^2)$이므로

$$P(195 \le \overline{X} \le 202.5) = P\left(\frac{195-200}{2.5} \le \frac{\overline{X}-200}{2.5} \le \frac{202.5-200}{2.5}\right)$$
$$= P(-2 \le Z \le 1)$$
$$= 0.3413 + 0.4772 = 0.8185$$

(2) $P(\overline{X} > c) = P(\dfrac{\overline{X}-200}{2.5} > \dfrac{c-200}{2.5}) = P\left(Z > \dfrac{c-200}{2.5}\right)$이므로

$$\frac{c-200}{2.5} = z_{0.1} = 1.282$$

이다. 따라서

$$c = 200 + 1.282 \times 2.5 = 203.205$$

위의 예제에서 4개의 전구를 랜덤추출하였다고 가정하면, $\overline{X} \sim N(200,\ 5^2)$이므로

$$P(195 \le \overline{X} \le 202.5) = P\left(\frac{195-200}{5} \le \frac{\overline{X}-200}{5} \le \frac{202.5-200}{5}\right)$$
$$= P(-1 \le Z \le 0.5)$$
$$= 0.1915 + 0.3413 = 0.5328$$

가 된다. 만일 64개의 전구를 랜덤추출하였다고 가정하면, 평균 수명 $\overline{X}$에 대하여

$$\overline{X} \sim N\left(200,\ \frac{10^2}{64}\right) = N(200,\ 1.25^2)$$

이므로

$$P(195 \le \overline{X} \le 202.5) = P\left(\frac{195-200}{1.25} \le \frac{\overline{X}-200}{1.25} \le \frac{202.5-200}{1.25}\right)$$
$$= P(-4 \le Z \le 2)$$
$$= 0.4772 + 0.5 = 0.9772$$

가 된다. 일반적으로 표본의 크기가 $n \to \infty$이면, 임의의 양수 a, b에 대하여

$$P(\mu - a < \overline{X} < \mu + b) \to 1$$

이다.

모집단이 정규분포가 아닌 경우 표본평균은 모집단의 분포에 따라서 각각 다른 형태의 분포를 따른다. 그러나 표본의 크기가 커지면 모집단의 분포와 관계없이 표본평균의 분포는 근사적으로 정규분포를 따른다는 사실이 잘 알려져 있다. 이러한 사실을 **중심극한정리** (central limit theorem)라 하는데, 이런 까닭에 정규분포가 통계적 추론에서 가장 중요한 역할을 하고 있다.

정리 6.2.2

중심극한정리

평균이 μ이고, 분산이 σ^2인 임의의 모집단에서 추출한 크기 n인 랜덤표본이 $X_1, X_2, \cdots, X_n$일 때, n이 충분히 크면 표본의 합 Y와 표본평균 $\overline{X}$에 대하여 다음이 성립한다.

(1) Y는 근사적으로 $N(n\mu,\ n\sigma^2)$분포를 따른다. 이것을 $Y \approx N(n\mu,\ n\sigma^2)$로 나타내면 $\dfrac{Y-n\mu}{\sigma\sqrt{n}} \approx N(0,\ 1)$이다.

(2) $\overline{X} \approx N(\mu,\ \dfrac{\sigma^2}{n})$, 즉 $\dfrac{\overline{X}-\mu}{\sigma/\sqrt{n}} \approx N(0,\ 1)$이다.

중심극한정리를 적용하기 위해서는 표본의 크기가 얼마나 커야 할까? 이 물음에 대한 답은 모집단의 분포에 따라 달라진다. 모집단의 분포가 대칭이면 $n \ge 20$인 경우도 적용가능하지만, 비대칭인 경우는 $n \ge 100$이어야 적용 가능한 경우도 있다. 모집단의 대칭 정도를 모르면 보통 $n \ge 30$일 때 적용한다.

예 6.2.2 우리대학교 남학생들의 평균체중이 68kg이고, 표준편차가 4kg이라 하자. 64명의 남학생을 랜덤추출할 때 표본평균이 67.5kg 이상이고 69kg 이하일 확률을 구하여라.

•풀이• 중심극한정리에 의하여 $\dfrac{\overline{X}-68}{4/\sqrt{64}} = \dfrac{\overline{X}-68}{0.5} \approx N(0,\ 1)$이므로

$$\begin{aligned} P(67.5 \le \overline{X} \le 69) &= P\left(\frac{67.5-68}{0.5} \le \frac{\overline{X}-68}{0.5} \le \frac{69-68}{0.5}\right) \\ &= P(-1 \le Z \le 2) \\ &= 0.4772 + 0.3413 = 0.8185 \end{aligned}$$

6.3 표본비율의 분포

크기 N인 모집단에 범주 A에 속하는 원소가 M개 있을 때, $p = \dfrac{M}{N}$을 **모비율**이라 한다. 여기에서 임의로 하나의 원소를 선택할 때 범주 A의 원소가 나오면 성공, 그렇지 않으면 실패로 간주하면 모집단의 분포는 베르누이분포 $B(1,\ p)$이므로 모평균과 모분산은 다음과 같다.

$$\mu = p,\ \ \sigma^2 = p(1-p)$$

여기에서 추출한 크기 n인 랜덤표본은

$$X_i = \begin{cases} 1, & i\text{번째 표본이 성공일 때} \\ 0, & i\text{번째 표본이 실패일 때} \end{cases}$$

이고, 표본의 합 $Y = X_1 + X_2 + \cdots + X_n$은 n번의 독립시행에서 일어난 성공 횟수를 의미하므로

$$Y \sim B(n,\ p)$$

가 된다. 이때, 표본평균 $\overline{X}$ 는 n개 표본에서의 성공 비율을 의미하므로 **표본비율**이라 부르고 $\hat{p}$로 나타낸다.

정리 6.3.1

이항분포의 정규근사

$Y \sim B(n,\ p)$이고 n이 충분히 크면 Y는 근사적으로 $N(np,\ np(1-p))$분포를 따른다. 즉,

$$\frac{Y-np}{\sqrt{np(1-p)}} \approx N(0,\ 1)$$

이다.

정리 6.3.2

표본비율의 정규근사

모비율이 p인 모집단에서 크기 n인 표본을 추출하였을 때의 표본비율 $\hat{p}$에 대하여, n이 충분히 크면 $\hat{p}$는 근사적으로 $N\left(p,\ \frac{p(1-p)}{n}\right)$분포를 따른다. 즉,

$$\frac{\hat{p}-p}{\sqrt{\frac{p(1-p)}{n}}} \approx N(0,\ 1)$$

이다.

이항분포와 표본비율에 대한 정규근사는 $np \geq 5$이고 $n(1-p) \geq 5$일 때 적용한다.

예 6.3.1 시청률이 20%인 TV 드라마가 있다고 가정하자. 임의로 50명을 뽑아 드라마의 시청 여부를 조사하였을 때 이 드라마를 시청한다고 응답한 사람의 수 Y가 25명 이하일 확률을 구하여라.

•풀이• $Y \sim B(25, 0.2)$이고 $np = 100 \times 0.2 = 20$, $n(1-p) = 100 \times 0.8 = 80$이므로 중심극한정리를 적용할 수 있다. 또한

$$E(Y) = 100 \times 0.2 = 20,\quad Var(Y) = 100 \times 0.2 \times 0.8 = 16$$

이므로 $\frac{Y-20}{4} \approx N(0,\ 1)$이다. Y가 25명 이하일 확률을 구하는 방법은 다음과 같이 두 가지 경우를 생각할 수 있다.

(방법1) $P(Y \leq 25) = P(\frac{Y-20}{4} \leq \frac{25-20}{4}) \approx P(Z \leq 1.25) = 0.8944$

(방법2) $P(Y < 26) = P(\frac{Y-20}{4} < \frac{26-20}{4}) \approx P(Z < 1.5) = 0.9332$

이항분포로 계산할 때는 두 가지 경우가 같지만, 위에서 살펴본 바와 같이 정규분포를 적용할 때는 두 가지 경우가 서로 다르기 때문에 오차를 줄이기 위하여 다음과 같은 방법을 사용한다.

(방법3) $P(Y < 25.5) = P\left(\frac{Y-20}{4} < \frac{25.5-20}{4}\right)$
$$\approx P(Z < 1.375) = 0.9155$$

위와 같은 방법(3)을 **연속성 수정**이라고 한다. 일반적으로 이항분포에 대한 정규근사를 적용할 때 연속성 수정은 다음과 같이 계산한다.

이항분포의 연속성 수정

$Y \sim B(n,\ p)$이고 $a < b$는 음이 아닌 정수라 하자.

(1) $P(a \leq Y \leq b) = P(a-0.5 \leq Y \leq b+0.5)$
$$= P(\frac{a-0.5-np}{\sqrt{np(1-p)}} \leq Z \leq \frac{b+0.5-np}{\sqrt{np(1-p)}})$$

(2) $P(a < Y < b) = P(a+0.5 \leq Y \leq b-0.5)$
$$= P(\frac{a+0.5-np}{\sqrt{np(1-p)}} \leq Z \leq \frac{b-0.5-np}{\sqrt{np(1-p)}})$$

표본비율은 구간 $(0,\ 1)$내의 값을 가지므로 중심극한정리를 적용할 때 연속성 수정을 하지 않는다.

예 6.3.2 예 6.3.1에서 64명을 임의로 추출하였을 때 드라마 시청률 $\hat{p}$가 25% 이상일 확률을 구하여라.

•풀이•

$$\frac{\hat{p}-0.2}{\sqrt{0.2(1-0.2)/64}}=\frac{\hat{p}-0.2}{0.05}\approx N(0,\ 1)$$

이므로

$$P(\hat{p}\geq 0.25)=P(\frac{\hat{p}-0.2}{0.05}\geq \frac{0.25-0.2}{0.05})\approx P(Z\geq 1)=0.1587$$

연습문제

1. 대학수학능력시험에서 발표된 수학 과목의 성적이 평균 60.5점, 표준편차가 10인 정규분포를 따른다고 하자. 수능 응시자 중에서 임의로 추출한 64명의 평균 수학 점수가 62점 이상일 확률을 구하여라.

2. 어느 통신회사 고객의 전화 사용 시간은 월 평균 80.4분, 표준편차 15분으로 알려져 있다고 하자. 이 통신회사 고객 중에서 100명을 임의로 추출하여 월 전화 사용 시간을 조사할 때, 다음을 구하여라.
   (1) 표본평균이 78분 이상일 확률
   (2) 표본평균과 모평균의 차가 c이하일 확률이 0.95가 되는 c의 값

3. 어느 공장에서 생산되는 제품의 10%가 불량품이라고 하자. 이 공장에서 생산된 100개의 제품을 임의로 추출하여 조사할 때, 다음을 구하여라.
   (1) 불량품이 12개 나올 확률
   (2) 불량품이 12개 이상이 나올 확률

4. 멘델의 유전법칙에 따르면 완두콩을 교배시켰을 때, 노란색 완두콩과 녹색 완두콩이 3:1의 비율로 나온다고 한다. 임의로 추출된 100개의 완두콩을 실험하였을 때 다음을 구하여라.
   (1) 노란색 완두콩의 비율이 0.7 이하일 확률
   (2) 노란색 완두콩의 비율이 $(0.75-c,\ 0.75+c)$에 속할 확률이 0.9가 되는 c의 값

추정 7장

7.1 서론

모집단의 특성을 나타내는 대표적인 모수로는 모평균, 모분산, 모비율, 모상관계수 등이 있으며, 이러한 모수들의 값이 알려져 있지 않을 때 이들에 관한 정보를 얻기 위하여 표본을 추출하게 된다.

미지의 모수를 갖는 모집단에서 추출된 표본으로부터 얻은 정보를 분석하고 통계적 이론을 사용하여 모수에 관한 결론을 내리는 과정을 **통계적 추론**(statistical inference)이라 한다. 통계적 추론에는 **추정**(estimation)과 **가설검정**(hypothesis testing)의 두 분야로 분류된다.

추정에는 미지의 모수를 하나의 값으로 추정하는 **점추정**(point estimation)과 모수가 포함되는 구간으로 추정하는 **구간추정**(interval estimation)이 있고, 가설검정은 모수에 대한 가설이 통계적으로 옳다고 할 수 있는지 판정하는 것을 말한다.

7.2 점추정

미지의 모수 θ를 갖는 모집단에서 추출한 랜덤표본을 $X_1, X_2, \cdots, X_n$라 하자. 모수 θ를 추정하기 위하여 사용되는 통계량을 $\hat{\theta}(X_1, X_2, \cdots, X_n)$로 나타내고 θ의 추정량이라 하며, 랜덤표본의 관측 값 $x_1, x_2, \cdots, x_n$이 주어진 경우에 $\hat{\theta}(x_1, x_2, \cdots, x_n)$은 θ의 추정 값이라 한다. 즉, 추정량은 확률변수로서 추정을 위한 이론적 근거를 정립하기 위하여 사용되고, 추정 값은 추정량의 관측 값으로서 실제 추정에 사용되는 값이다.

θ의 추정량 $\hat{\theta}(X_1, X_2, \cdots, X_n)$을 간단히 $\hat{\theta}$로 나타낼 때, $\hat{\theta}$가 점 추정량으로서 가져야 할 바람직한 기준으로 다음과 같은 3가지 성질이 있다.

(1) 불편성(비편향성)

추정량이 가져야할 기준으로서 가장 중요한 것은 이론적으로 $\hat{\theta}$의 기댓값이 θ가 되어야 한다는 것이다. 이러한 내용을 수식으로 $E(\hat{\theta}) = \theta$를 만족할 때, $\hat{\theta}$는 θ의 **불편추정량**(unbiased estimator, 不偏推定量)이라 한다. 불편추정량이 아닌 경우 즉, $E(\hat{\theta}) \neq \theta$이면 $\hat{\theta}$는 θ의 **편의추정량**(biased estimator, 偏倚推定量)이라 한다.

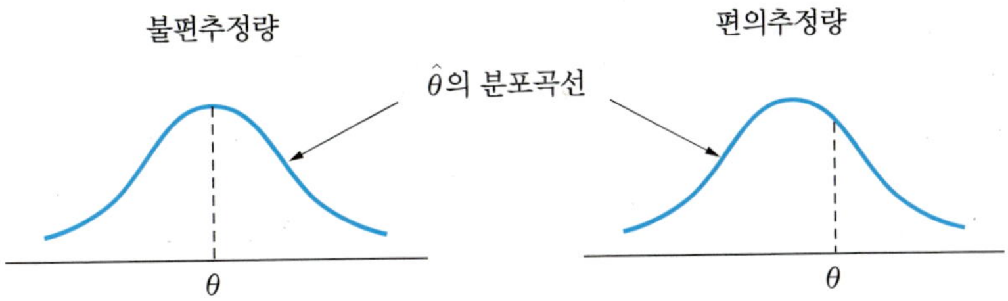

[그림 7.1] 불편추정량과 편의추정량

예 7.2.1 (1) 정리 6.1.1에 의하여 $\hat{\mu} = \overline{X}$는 μ의 불편추정량이다.

(2) 표본분산은 $S^2 = \frac{1}{n-1}\sum_{i=1}^{n}(X_i - \overline{X})^2$으로 정의된다. 여기에서 분모를 n이 아닌 $n-1$을 사용하는 이유는 S^2이 모분산 σ^2의 불편추정량이 되도록 하기 위한 것이다. 그 이유를 살펴보자.

$$\begin{aligned}\sum_{i=1}^{n}(X_i - \overline{X})^2 &= \sum_{i=1}^{n}(X_i^2 - 2X_i\overline{X} + \overline{X}^2) \\ &= \sum_{i=1}^{n}X_i^2 - 2\overline{X}\sum_{i=1}^{n}X_i + n\overline{X}^2 \\ &= \sum_{i=1}^{n}X_i^2 - n\overline{X}^2\end{aligned}$$

이므로

$$\begin{aligned}E\left[\sum_{i=1}^{n}(X_i - \overline{X})^2\right] &= \sum_{i=1}^{n}E(X_i^2) - nE(\overline{X}^2) \\ &= \sum_{i=1}^{n}[Var(X_i) + (EX_i)^2] - n[Var(\overline{X}) + (E\overline{X})^2] \\ &= n(\sigma^2 + \mu^2) - n\left(\frac{\sigma^2}{n} + \mu^2\right) = (n-1)\sigma^2\end{aligned}$$

이다. 따라서

$$E\left[\frac{1}{n-1}\sum_{i=1}^{n}(X_i-\overline{X})^2\right]=\sigma^2$$

(2) 유효성(효율성)

θ의 불편추정량이 하나뿐이면 그것을 사용하면 되지만, 여러 개가 존재할 때는 그중에서 가장 좋은 추정량을 선택해야 하는데, 이 문제를 해결하기 위한 개념이 유효성이다.

θ의 두 불편추정량 $\hat{\theta}_1$과 $\hat{\theta}_2$에 대하여

$$Var(\hat{\theta}_1) < Var(\hat{\theta}_2)$$

을 만족하면, $\hat{\theta}_1$는 $\hat{\theta}_2$보다 더 유효하다(또는, 효율적이다)고 말한다.

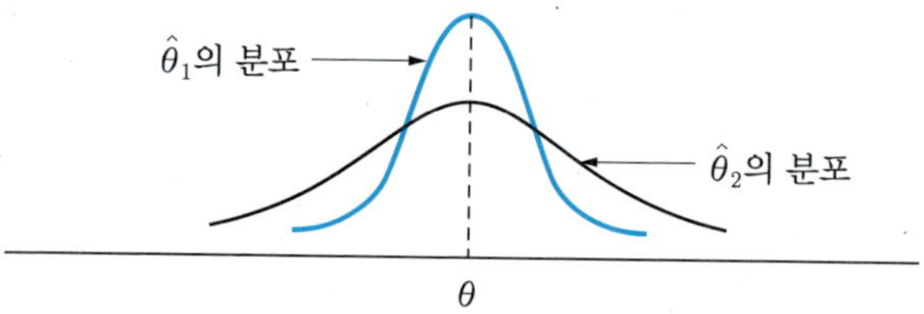

[그림 7.2] 유효 추정량

불편추정량 중에서 최소 분산을 갖는 추정량이 존재한다면, 이 추정량이 가장 바람직한 추정량이 된다.

(3) 일치성

불편성과 유효성에서는 표본의 크기는 고려하지 않았다. 표본의 크기가 한없이 커질 때 추정량 $\hat{\theta}$가 θ에 확률적으로 수렴하면 $\hat{\theta}$는 θ의 일치추정량이라고 한다. 엄밀히 말하면, 임의의 양수 ϵ에 대하여

$$\lim_{n\to\infty} P[\theta-\epsilon < \hat{\theta}(X_1, \cdots, X_n) < \theta+\epsilon] = 1$$

일 때, $\hat{\theta}(X_1, \cdots, X_n)$는 θ의 **일치추정량**이라고 한다.

7.3 구간추정

점추정에서 미지의 모수 θ를 하나의 값 $\hat{\theta}$로 추정하였지만, 이것은 θ의 근삿값이 $\hat{\theta}$라는 것을 의미하는 것일 뿐 두 값이 같다는 것은 아니다. 따라서 미지의 모수 θ를 포함하는 구간을 구하여 추정하는 것도 중요한 의미를 갖는다. 일반적으로 구간추정에서

$$P(L < \theta < U) = 1$$

이 되도록 구간 (L, U)를 구하는 것은 θ에 대한 아무런 정보를 제공하지 못한다. 예를 들어, 모평균 μ의 구간추정에서

$$P(L < \mu < U) = 1$$

이 되도록 구간을 구하면 $(-\infty, \infty)$가 되어 모평균 μ가 실수라는 것을 의미할 뿐이다. 따라서 구간추정에서는 작은 양수 α에 대하여

$$P(L < \theta < U) = 1 - \alpha$$

이 되도록 구간 (L, U)를 구한다, 이때, 구간 (L, U)를 θ에 대한 $100(1-\alpha)\%$ **신뢰구간**이라 하고 $100(1-\alpha)\%$는 **신뢰수준**이라 한다. 여기에서 $\alpha = 0.01$이면 99% 신뢰구간, $\alpha = 0.05$이면 95% 신뢰구간, $\alpha = 0.1$이면 90% 신뢰구간이 되는데 보통 95% 신뢰구간을 가장 많이 사용한다.

7.3.1 정규모집단에서 모평균의 구간추정

(1) 모분산을 아는 경우

정규모집단 $N(\mu, \sigma^2)$에서 σ^2이 알려져 있으면 정리 6.2.1에 의하여 $\overline{X} \sim N(\mu, \sigma^2/n)$, 즉

$$Z = \frac{\overline{X} - \mu}{\sigma/\sqrt{n}} \sim N(0, 1)$$

이 성립한다. 따라서

$$P(-z_{\alpha/2} < \frac{\overline{X}-\mu}{\sigma/\sqrt{n}} < z_{\alpha/2}) = 1-\alpha$$

이다. 위 식은

$$P(\overline{X}-z_{\alpha/2}\frac{\sigma}{\sqrt{n}} < \mu < \overline{X}+z_{\alpha/2}\frac{\sigma}{\sqrt{n}}) = 1-\alpha$$

와 동치이므로 μ에 대한 $100(1-\alpha)\%$ 신뢰구간은 다음과 같다.

$$(\overline{X}-z_{\alpha/2}\frac{\sigma}{\sqrt{n}},\ \overline{X}+z_{\alpha/2}\frac{\sigma}{\sqrt{n}})$$

이 신뢰구간을 $\mu = \overline{X} \pm z_{\alpha/2}\frac{\sigma}{\sqrt{n}}$ 로 나타내기도 한다.

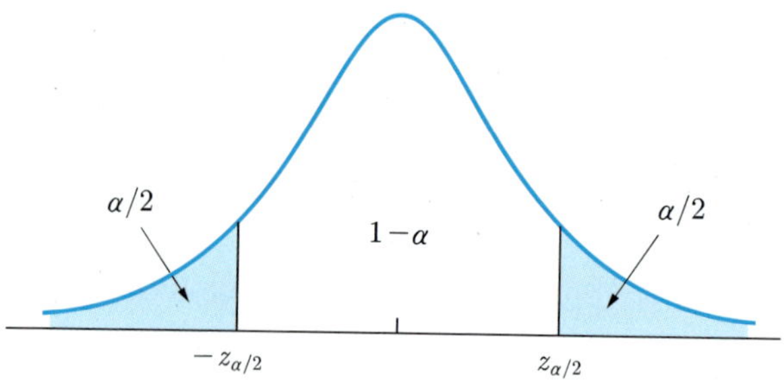

[그림 7.3]

예 7.3.1 어느 회사에서 생산하는 비누의 무게는 표준편차가 $\sigma = 4$g인 정규분포를 따른다고 하자. 이 회사에서 생산하는 비누 중에서 25개를 추출하여 무게를 측정한 결과 평균이 96g이라 할 때, 모평균 μ에 대한 95% 신뢰구간을 구하여라.

•풀이• $0.95 = 1-0.05$이므로 $\alpha = 0.05$이고, $z_{\alpha/2} = z_{0.025} = 1.96$이다. 따라서 모평균 μ에 대한 95% 신뢰구간은 다음과 같다.

$$\mu = \overline{x} \pm z_{0.025}\frac{\sigma}{\sqrt{n}} = 96 \pm 1.96\frac{4}{\sqrt{25}}$$
$$= 96 \pm 1.568 = (94,432,\ 97.568)$$

참고▸▸▸ 엑셀을 사용한 신뢰구간의 너비 계산!

정규모집단에서 모분산을 아는 예 7.3.1의 경우에 CONFIDENCE.NORM을 사용하여 신뢰구간의 너비를 구하는 과정은 다음과 같다.

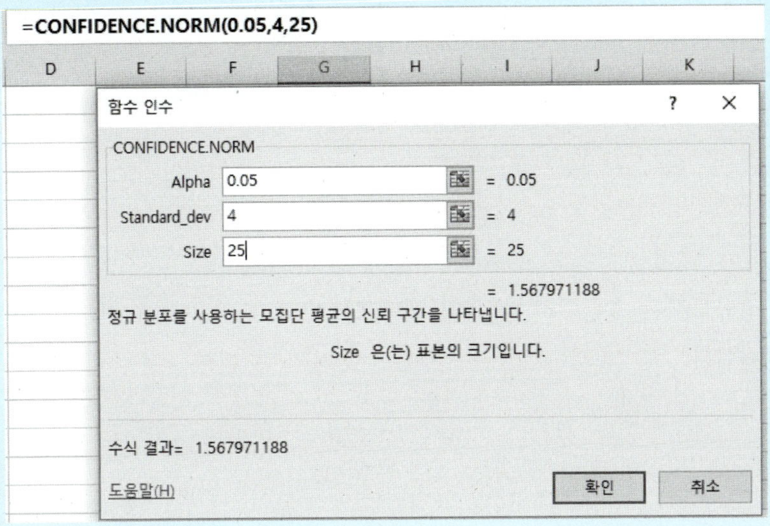

(2) 모분산을 모르는 경우

정규모집단 $N(\mu, \sigma^2)$에서 σ^2에 대한 정보가 전혀 없으면 t-분포를 사용한다. 먼저 t-분포에 대하여 간단히 다루어 보자.

정의 7.3.1

확률변수 X의 확률밀도함수 $f(x)$가

$$f(x) = c_n\left(1 + \frac{x^2}{n}\right)^{-\frac{n+1}{2}}$$

일 때, X는 '자유도(degree of freedom) n인 **t-분포**를 따른다 하고 $X \sim t(n)$으로 나타낸다. 여기에서, c_n은 $\int_{-\infty}^{\infty} f(x)\,dx = 1$을 만족하는 상수이다.

t-분포 확률밀도함수의 그래프는 표준정규분포 확률밀도함수의 그래프와 유사하며, $n \to \infty$이면 표준정규분포곡선으로 수렴한다. $X \sim t(n)$일 때 $P(X \ge x) = \alpha$를 만족하는 x를

$t_\alpha(n)$으로 나타낸다. 자주 사용되는 $t_\alpha(n)$ 값은 부록 [표 4]에 제시되어 있다.

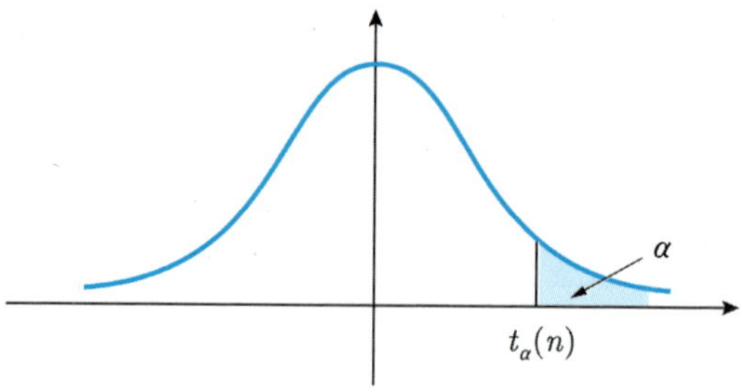

[그림 7.4]

정리 7.3.2 정규모집단 $N(\mu, \sigma^2)$에서의 랜덤표본 $X_1, X_2, \cdots, X_n$에 대하여 다음이 성립한다.

$$T = \frac{\overline{X} - \mu}{S/\sqrt{n}} \sim t(n-1)$$

위 정리에 의하여 정규모집단 $N(\mu, \sigma^2)$에서 σ^2을 모르면, 모평균에 대한 구간추정은 모 분산을 대신하여 표본분산을 사용하고 표준정규분포를 대신하여 자유도가 $n-1$인 t분포를 사용하면 된다. 따라서 μ에 대한 $100(1-\alpha)\%$ 신뢰구간은

$$\left(\overline{X} - t_{\alpha/2}(n-1)\frac{S}{\sqrt{n}},\ \overline{X} + t_{\alpha/2}(n-1)\frac{S}{\sqrt{n}}\right) \quad \text{또는} \quad \mu = \overline{X} \pm t_{\alpha/2}(n-1)\frac{S}{\sqrt{n}}$$

이다.

예 7.3.2 어느 공장에서 생산되는 참치 통조림에 함유된 비타민의 양은 정규분포를 따른다고 하자. 이 공장에서 생산되는 16개의 통조림을 추출하여 함유된 비타민의 양을 조사한 결과 다음과 같다.

21, 16, 22, 21, 20, 23, 21, 19
15, 16, 17, 20, 18, 22, 25, 24

이때, 이 공장에서 생산되는 통조림 전체의 비타민 함유량의 평균 μ에 대

한 90% 신뢰구간을 구하여라.

•풀이• 먼저 표본평균과 표본분산을 구하면 다음과 같다.

$$\overline{x} = \frac{1}{16}\sum_{i=1}^{16} x_i = \frac{320}{16} = 20$$

$$s^2 = \frac{1}{15}\sum_{i=1}^{16} (x_i - \overline{x})^2 = \frac{132}{15} = 8.8$$

$$s = \sqrt{8.8} = 2.966$$

이제, $0.9 = 1 - 0.1$이므로 $\alpha = 0.1$이고, $t_{\alpha/2}(15) = t_{0.05}(15) = 1.753$이다. 따라서 모평균 μ에 대한 95% 신뢰구간은 다음과 같다.

$$\mu = \overline{x} \pm t_{0.05}(15)\frac{s}{\sqrt{n}} = 20 \pm 1.753 \times \frac{2.966}{\sqrt{16}}$$

$$= 20 \pm 1.300 = (18.700,\ 21.300)$$

참고▸▸▸ 엑셀을 사용한 신뢰구간의 너비 계산II

(1) 정규모집단에서 모분산을 모르는 예 7.3.2의 경우에 CONFIDENCE.T를 사용하여 신뢰구간의 너비를 구하는 과정은 다음과 같다.

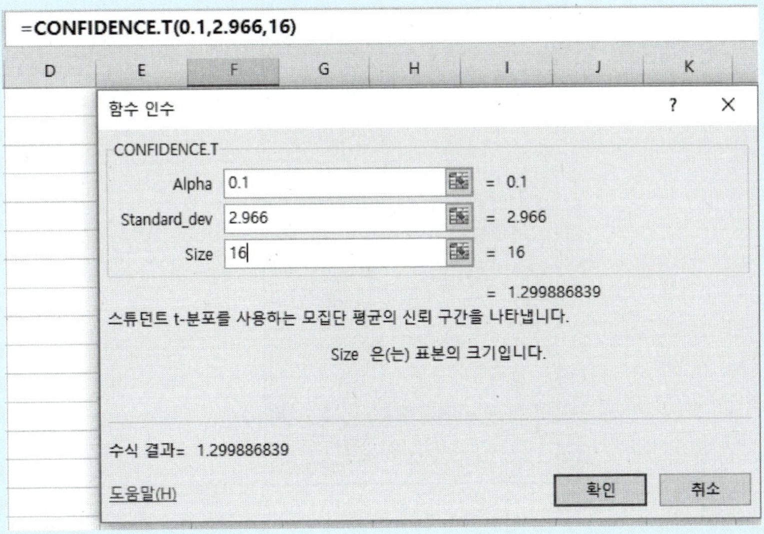

(2) 데이터 분석의 기술 통계법을 사용하면 다음과 같다.

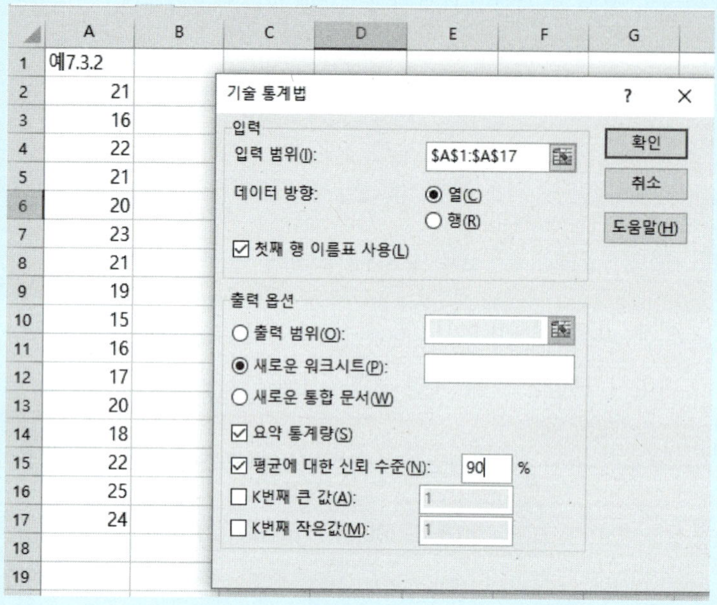

여기에서 확인을 누르면 새로운 워크시트에 다음과 같은 출력이 나오는데,

신뢰 수준(90.0%)	1.30009694

이 90% 신뢰구간의 너비를 의미한다.

	A	B
1	예7.3.2	
2		
3	평균	20
4	표준 오차	0.741619849
5	중앙값	20.5
6	최빈값	21
7	표준 편차	2.966479395
8	분산	8.8
9	첨도	-0.837117428
10	왜도	-0.157605163
11	범위	10
12	최소값	15
13	최대값	25
14	합	320
15	관측수	16
16	신뢰 수준(90.0%)	1.30009694
17		

7.3.2 임의의 모집단에서 모평균의 구간추정(대표본인 경우)

모집단이 임의의 분포인 경우는 중심극한정리(정리 6.2.2)를 사용하여 구간추정을 한다. 중심극한정리는 표본의 크기가 클 때 적용할 수 있으므로 대표본인 경우에 한정하여 구간추정을 할 수 있다. 임의의 모집단에서 표본의 크기가 충분히 크면 μ에 대한 $100(1-\alpha)\%$ 신뢰구간은 다음과 같다.

(1) σ^2을 알 때: $\mu = \overline{X} \pm z_{\alpha/2}\dfrac{\sigma}{\sqrt{n}}$

(2) σ^2을 모를 때: $\mu = \overline{X} \pm z_{\alpha/2}\dfrac{S}{\sqrt{n}}$

예 7.3.3 어느 도시에서 100명의 중학생을 랜덤추출하여 신장을 조사한 결과 평균 $\overline{x} = 163.2\text{cm}$, 표준편차 $s = 5.24\text{cm}$로 나타났다. 이 도시 전체 중학생의 평균 신장 μ에 대한 95% 신뢰구간을 구하여라.

•풀이• $0.95 = 1 - 0.05$이므로 $\alpha = 0.05$이고, $z_{\alpha/2} = z_{0.025} = 1.96$이다. 따라서 모평균 μ에 대한 95% 신뢰구간은 다음과 같다.

$$\mu = \overline{x} \pm z_{0.025}\frac{s}{\sqrt{n}} = 163.2 \pm 1.96\frac{5.24}{\sqrt{100}}$$

$$= 163.2 \pm 1.027 = (162.173,\ 164.227)$$

7.3.3 모비율의 구간추정(대표본인 경우)

6장 3절에서 다룬 바와 같이, 모비율이 p인 모집단에서 크기 n인 표본을 추출하였을 때의 표본비율 $\hat{p}$에 대하여, n이 충분히 크면 $\hat{p}$는 근사적으로 $N(p,\ p(1-p)/n)$분포를 따른다. 즉,

$$\frac{\hat{p}-p}{\sqrt{p(1-p)/n}} \approx N(0,\ 1)$$

이다. 그런데 이 경우는 모집단이 베르누이분포 $B(1,\ p)$이고 모평균 $\mu = p$, 모분산 $\sigma^2 = p(1-p)$이므로 모비율을 모르면 모분산도 모르는 경우에 해당한다. 따라서 표본크기가 충

분히 클 때

$$\frac{\hat{p}-p}{\sqrt{\hat{p}(1-\hat{p})/n}} \approx N(0,\ 1)$$

을 적용하여 구간추정을 하며, p에 대한 $100(1-\alpha)\%$ 신뢰구간은 다음과 같다.

$$p = \hat{p} \pm z_{\alpha/2}\sqrt{\hat{p}(1-\hat{p})/n}$$

이러한 구간추정은 $n\hat{p} \geq 5,\ n(1-\hat{p}) \geq 5$일 때 적용한다.

예 7.3.4 어느 도시에서 취업 연령대의 사람 400명을 랜덤추출하여 조사한 결과 24명이 실업자인 것으로 나타났다. 이 도시의 실업률 p에 대한 95% 신뢰구간을 구하여라.

•풀이• 표본비율 $\hat{p} = \frac{24}{400} = 0.06$이고 $n\hat{p} = 24,\ n(1-\hat{p}) = 376$이므로 정규근사를 적용할 수 있다. 따라서 모비율 p에 대한 95% 신뢰구간은 다음과 같다.

$$\begin{aligned} p &= \hat{p} \pm z_{0.025}\sqrt{\hat{p}(1-\hat{p})/n} = 0.06 \pm 1.96\sqrt{0.06(1-0.06)/400} \\ &= 0.06 \pm 0.023 = (0.037,\ 0.083) \end{aligned}$$

7.3.4 표본의 크기 결정

모집단에 대한 정보를 얻기 위하여 표본조사를 할 때 가장 먼저 고려할 사항은 표본의 크기를 결정하는 문제이다. 표본의 크기가 크면 오차가 작은 정보를 얻을 수 있지만 시간과 경비가 많이 소요되고, 표본의 크기가 작으면 시간과 경비는 절약할 수 있지만 오차가 클 가능성이 높아진다. 따라서 표본의 크기를 결정할 때는 허용 오차 범위를 고려하여야 한다.

(1) 모평균을 추정할 경우

모평균 μ에 대한 $100(1-\alpha)\%$ 신뢰구간은

$$\mu = \overline{X} \pm z_{\alpha/2}\frac{\sigma}{\sqrt{n}}$$

임은 앞에서 다루었다. 따라서 모평균 μ의 구간추정에서 신뢰수준 $100(1-\alpha)\%$인 오차의 한계는 $z_{\alpha/2}\frac{\sigma}{\sqrt{n}}$ 이다. 이 오차의 한계가 d 이하가 되기 위해 필요한 표본의 크기는

$$z_{\alpha/2}\frac{\sigma}{\sqrt{n}} \le d$$

을 만족하도록 선택하면 된다. 즉,

$$n \ge (z_{\alpha/2}\frac{\sigma}{d})^2$$

이다. 여기에서 σ^2을 모르는 경우에 대비하여 적절한 크기의 표본을 추출하여 표본분산 s^2 을 구한 다음

$$n \ge (z_{\alpha/2}\frac{s}{d})^2$$

을 사용하면 된다.

예 7.3.5 예 7.3.1에서, 신뢰수준 95%에서 오차의 한계가 0.8g 이하가 되기 위해 필요한 표본의 크기를 구하여라.

•풀이• $\sigma = 4,\ d = 0.8,\ \alpha = 0.05$이므로

$$n \ge (z_{0.025}\frac{\sigma}{d})^2 = (1.96 \times \frac{4}{0.8})^2 = 96.04$$

이다. 따라서 필요한 표본의 크기는 $n \ge 97$이다.

(2) 모비율을 추정할 경우

모비율 p에 대한 $100(1-\alpha)\%$ 신뢰구간은

$$p = \hat{p} \pm z_{\alpha/2}\sqrt{\hat{p}(1-\hat{p})/n}$$

임은 앞에서 다루었다. 따라서 모비율 p의 구간추정에서 신뢰수준 $100(1-\alpha)\%$인 오차의 한계는

$$z_{\alpha/2}\sqrt{\hat{p}(1-\hat{p})/n}$$

이다. 이 오차의 한계가 d 이하가 되기 위한 표본의 크기는

$$z_{\alpha/2}\sqrt{\hat{p}(1-\hat{p})/n} \le d$$

을 만족하도록 선택하면 된다. 즉,

$$n \ge \hat{p}(1-\hat{p})(\frac{z_{\alpha/2}}{d})^2$$

이다. 여기에서 $\hat{p}$는 과거의 경험이나 예비조사에 의한 p의 추정 값을 사용한다. 그러나 사전 정보도 없고 예비조사도 어려운 경우에는 $\hat{p}=1/2$를 사용하고, 이때 표본의 크기는 다음과 같다.

$$n \ge \frac{1}{4}(\frac{z_{\alpha/2}}{d})^2$$

예 7.3.6 지난해 실업률이 7%인 것으로 조사되었다. 올해 실업률 조사에서 신뢰수준 95%인 오차의 한계가 0.8% 이하가 되기 위한 표본의 크기를 구하여라.

•풀이• $\hat{p}=0.07,\ d=0.008,\ \alpha=0.05$이므로

$$n \ge \hat{p}(1-\hat{p})(\frac{z_{0.025}}{d})^2 = 0.07\times(1-0.07)\times(\frac{1.96}{0.008})^2 = 3907.628$$

이다. 따라서 필요한 표본의 크기는 $n \ge 3908$이다.

7.3.5 정규모집단에서 모분산의 구간추정

정규모집단 $N(\mu,\ \sigma^2)$에서 σ^2에 대한 구간추정을 위하여 χ^2(카이제곱) 분포를 사용한다. 먼저 χ^2분포에 대하여 간단히 다루자.

정의 7.3.3 확률변수 X의 확률밀도함수 $f(x)$가

$$f(x) = c_n x^{\frac{n}{2}-1} e^{-\frac{x}{2}},\quad x>0$$

일 때, X는 '자유도(degree of freedom) n인 **카이제곱분포**'를 따른다 하고 $X \sim \chi^2(n)$으로 나타낸다. 여기에서, c_n은 $\int_0^\infty f(x)\,dx = 1$을 만족하는 상수이다.

χ^2-분포 확률밀도함수의 그래프는 다음 그림과 같다. 또한, $X \sim \chi^2(n)$일 때 $P(X \geq x) = \alpha$를 만족하는 x를 $\chi^2_\alpha(n)$으로 나타내면, $P(X \leq y) = \alpha$를 만족하는 y는 $\chi^2_{1-\alpha}(n)$가 된다. 자주 사용되는 $\chi^2_\alpha(n)$ 값은 부록 [표 5]에 제시되어 있다.

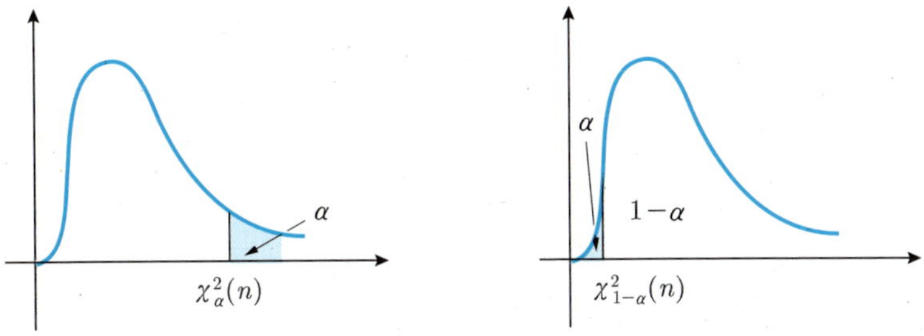

[그림 7.5]

정리 7.3.4 정규모집단 $N(\mu, \sigma^2)$에서의 랜덤표본 $X_1, X_2, \cdots, X_n$에 대하여 다음이 성립한다.

$$\frac{(n-1)S^2}{\sigma^2} \sim \chi^2(n-1)$$

위 정리를 적용하면 다음이 성립한다.

$$P\left[\chi^2_{1-\alpha/2}(n-1) < \frac{(n-1)S^2}{\sigma^2} < \chi^2_{\alpha/2}(n-1)\right] = 1-\alpha$$

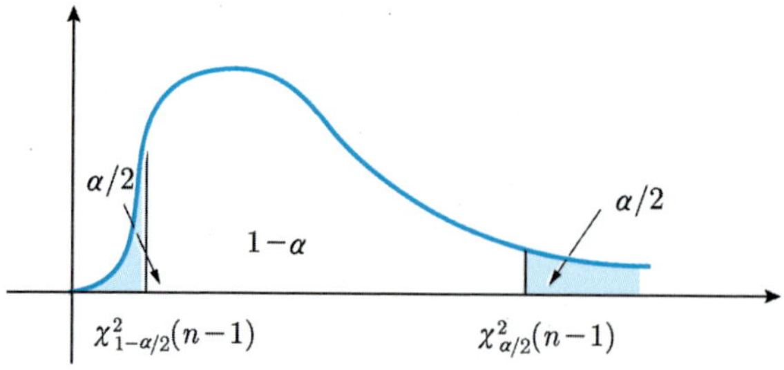

[그림 7.6]

위 식은

$$P\left[\frac{(n-1)S^2}{\chi^2_{\alpha/2}(n-1)} < \sigma^2 < \frac{(n-1)S^2}{\chi^2_{1-\alpha/2}(n-1)}\right] = 1-\alpha$$

와 동치이므로 모분산 σ^2과 모표준편차 σ에 대한 $100(1-\alpha)\%$ 신뢰구간은 다음과 같다.

(i) 모분산 σ^2의 신뢰구간 : $\left(\dfrac{(n-1)S^2}{\chi^2_{\alpha/2}(n-1)},\ \dfrac{(n-1)S^2}{\chi^2_{1-\alpha/2}(n-1)}\right)$

(ii) 모표준편차 σ의 신뢰구간 : $\left(\sqrt{\dfrac{(n-1)S^2}{\chi^2_{\alpha/2}(n-1)}},\ \sqrt{\dfrac{(n-1)S^2}{\chi^2_{1-\alpha/2}(n-1)}}\right)$

예 7.3.7 예 7.3.2의 자료에서 공장에서 생산되는 통조림 전체의 비타민 함유량의 분산 σ^2에 대한 95% 신뢰구간을 구하여라.

•풀이• $s^2 = 8.8$, $\chi^2_{0.025}(15) = 27.49$, $\chi^2_{0.975}(15) = 6.26$이므로 분산 σ^2에 대한 95% 신뢰구간은 다음과 같다.

$$\left(\frac{15\times 8.8}{27.49},\ \frac{15\times 8.8}{6.26}\right) = (4.802,\ 21.086)$$

7.4 엑셀을 사용한 t-분포와 χ^2-분포의 확률 계산

(1) $X \sim t(10)$일 때 $P(X \leq 0.5)$를 구하는 과정

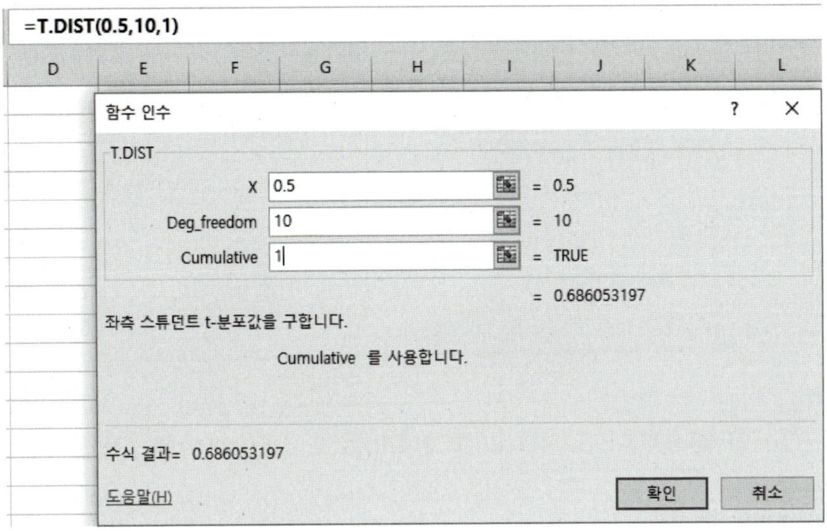

(2) $X \sim t(10)$일 때 $P(X \geq 2)$를 구하는 과정

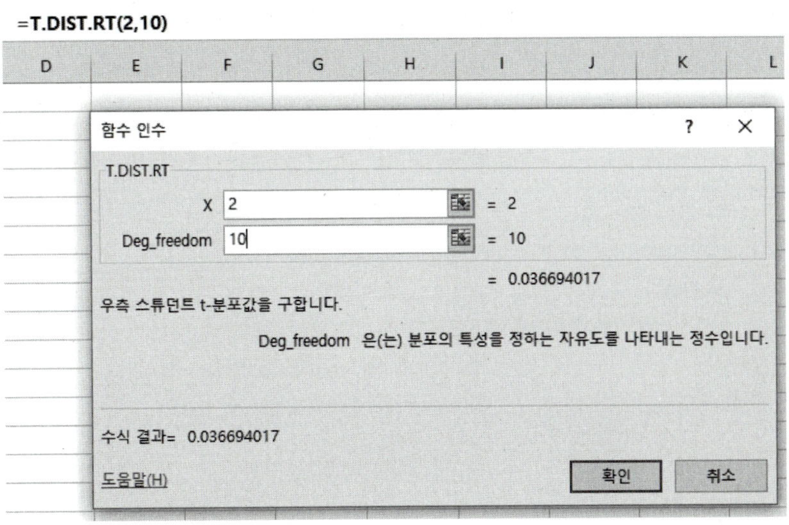

(3) $X \sim t(10)$일 때 $P(|X| \geq 2)$를 구하는 과정

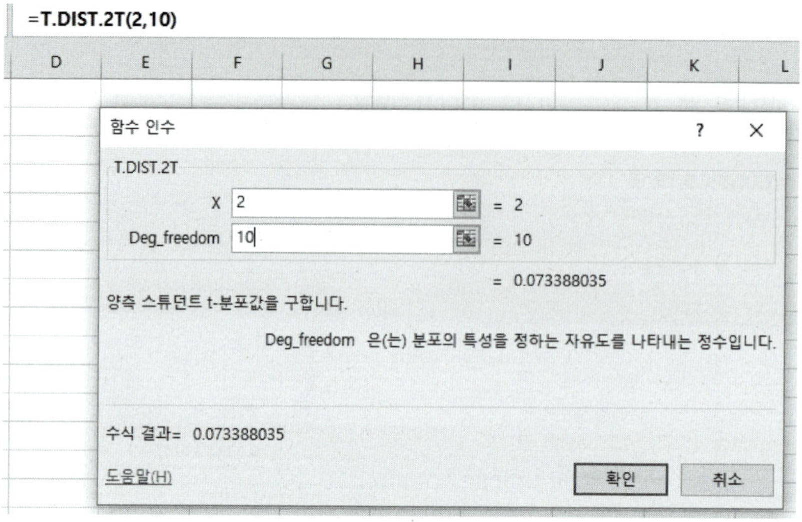

(4) $X \sim t(10)$일 때 $P(X \geq x) = 0.05$를 만족하는 $x = t_{0.05}(10)$를 구하는 과정

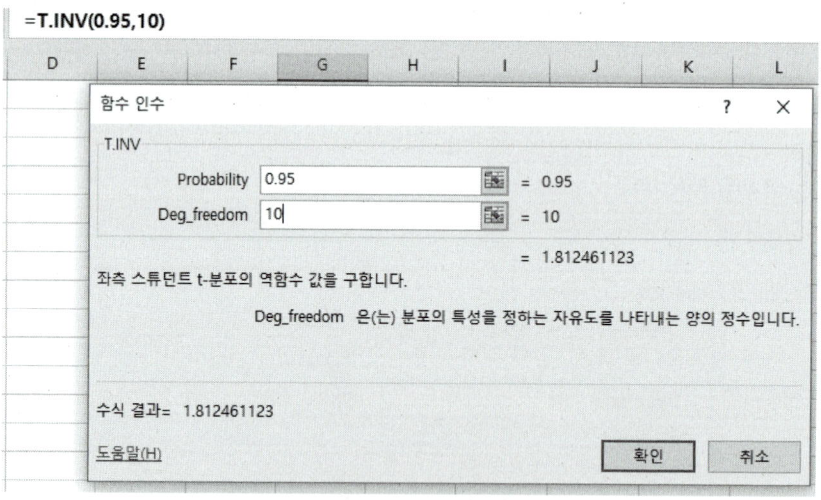

(5) $X \sim t(10)$**일 때** $P(|X| \geq x) = 0.05$**를 만족하는** $x = t_{0.025}(10)$**를 구하는 과정**

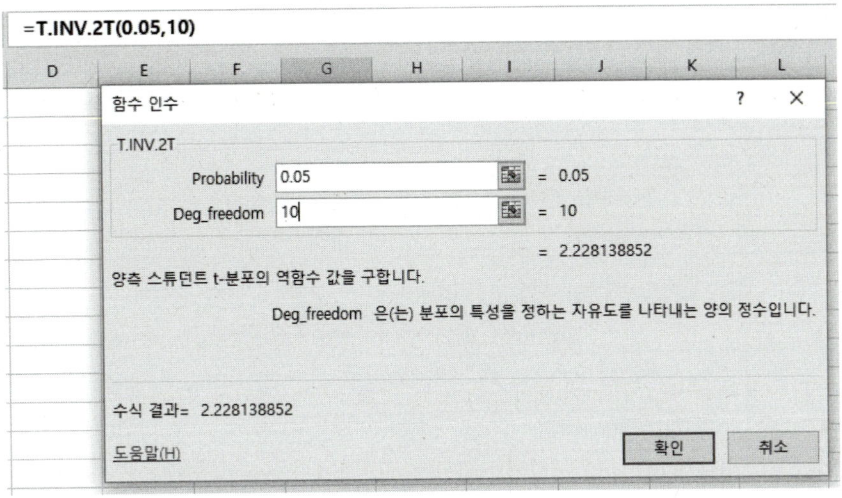

(6) $X \sim \chi^2(10)$**일 때** $P(X \leq 12)$**를 구하는 과정**

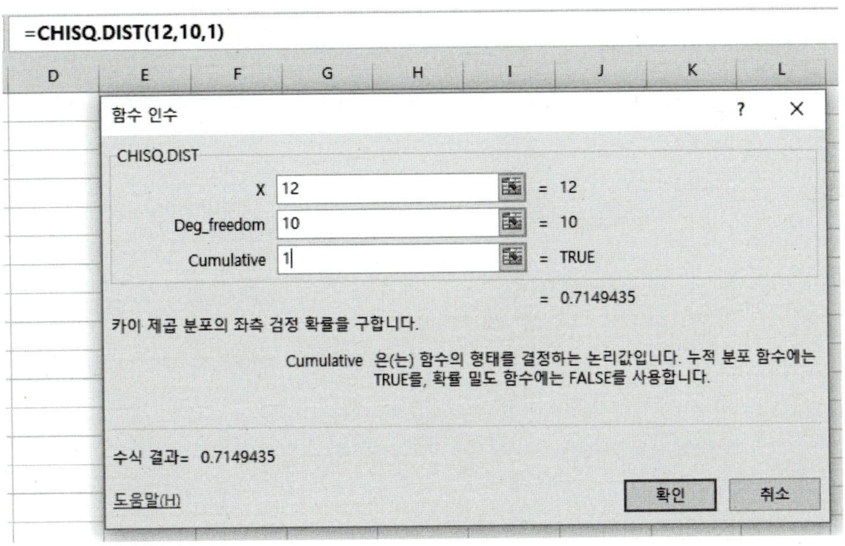

(7) $X \sim \chi^2(10)$**일 때** $P(X \le x) = 0.95$**를 만족하는** $x(=\chi^2_{0.05}(10))$**를 구하는 과정**

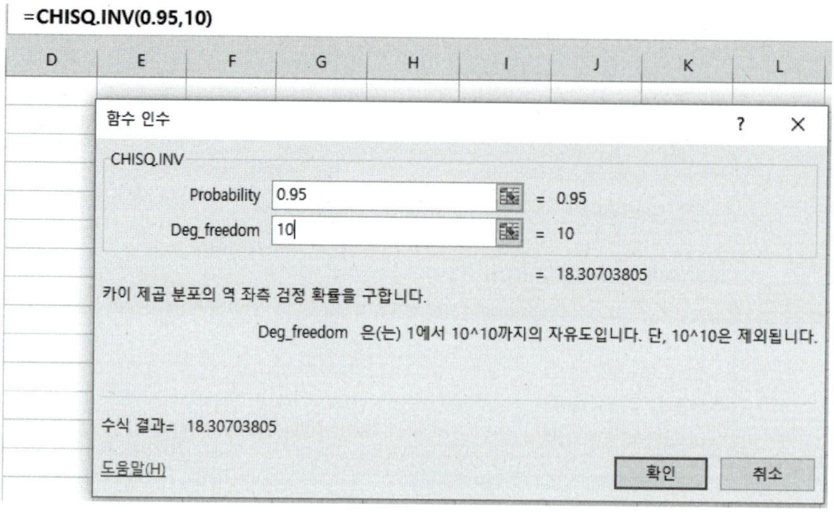

(8) $X \sim \chi^2(10)$**일 때** $P(X \ge x) = 0.05$**를 만족하는** $x(=\chi^2_{0.05}(10))$**를 구하는 과정**

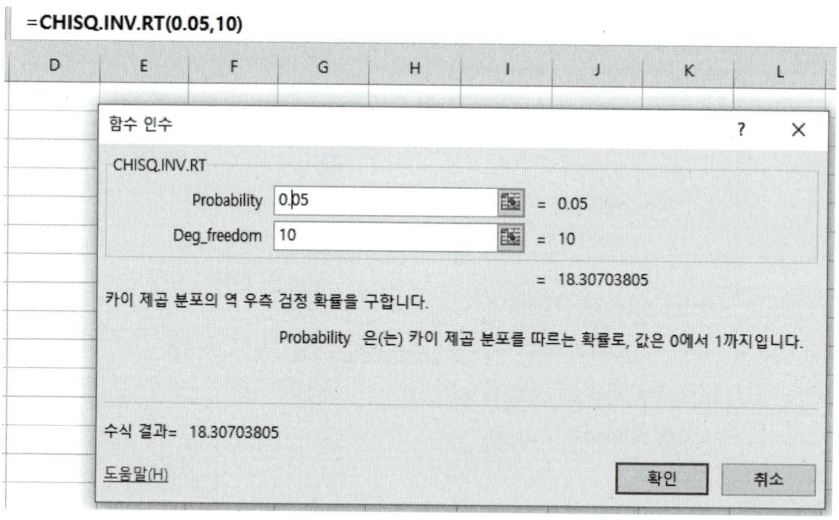

연습문제

1. 어느 통신회사의 고객이 한 달에 사용하는 전화 통화량은 표준편차 10분인 정규분포를 따른다고 한다. 이 회사에서 36명의 고객을 선정하여 한 달 통화량을 조사한 결과 평균 82분으로 나타났다고 할 때 다음을 구하여라.
   (1) 이 회사 고객의 월평균 전화 통화량 μ에 대한 95% 신뢰구간
   (2) μ에 대한 90% 신뢰구간

2. 전구를 생산하는 회사에서 전구의 평균 수명을 추정하기 위하여 100개의 전구를 테스트한 결과 평균 1950시간, 표준편차 80시간이라고 할 때 다음을 구하여라.
   (1) 평균 수명 μ에 대한 95% 신뢰구간
   (2) 신뢰수준 90%인 평균 수명에 대한 오차의 한계가 10시간 이하가 되도록 하려고 할 때, 필요한 표본의 크기

3. 자판기에서 나오는 커피 한 잔의 양은 정규분포를 따르도록 설계되어 있다. 어느 날 커피 10잔을 뽑아서 그 양을 측정한 결과(단위: ml)는 다음과 같다고 하자.

   48.2, 51.4, 49.8, 51.5, 48.4, 50.6. 52.3, 47.8, 49.2, 50.8

   (1) 모평균 μ에 대한 95% 신뢰구간을 구하여라.
   (2) 모분산 σ^2에 대한 95% 신뢰구간을 구하여라.

4. 선거를 앞두고 유권자 500명을 대상으로 실시한 여론조사에서 125명이 A후보를 지지하는 것으로 나타났다고 할 때 다음을 구하여라.
   (1) A후보에 대한 전체유권자의 지지율에 대한 95% 신뢰구간
   (2) 다음 여론조사에서 A후보 지지율에 대한 신뢰수준 95%인 오차의 한계가 0.03 이하가 되도록 하려고 할 때, 필요한 표본의 크기

8장 검정

8.1 서론

모집단에서 추출된 표본으로부터 얻은 정보를 이용하여 모수에 대한 가설의 옳고 그름을 판정하는 과정을 **통계적 가설검정**(statistical hypothesis testing) 또는 간단히 **검정**이라고 한다. 먼저 검정의 개념을 이해하기 위하여 간단한 예를 살펴보자.

어느 회사에서 생산하는 전구의 평균 수명이 100시간이라고 하자. 이 회사에서는 경쟁력 강화를 위해 연구진을 구성하여 평균 수명 향상을 목표로 연구를 진행해왔다. 오랜 연구 끝에 연구진은 경영진에게 평균 수명을 향상시킨 연구결과를 보고하였다. 경영진은 연구결과를 확인하기 위해 50개의 전구를 시험 생산하여 수명을 조사하였더니 평균 105시간, 표준편차 4시간으로 나타났다고 하자. 이러한 상황에서 경영진은 어떤 결정을 내려야 하는가? 경영진은 다음과 같은 두 가지 주장 중에 하나를 선택하여야 한다.

(1) 평균 수명이 향상되었다

(2) 평균 수명이 향상되지 않았다.

시험생산 결과로만 보면 평균 수명이 향상된 것처럼 보일 수 있지만, 문제는 표본조사이기 때문에 실제 평균 수명과 다를 수도 있다는 것이다. 이와 같은 두 가지 주장 가운데 통계적으로 어느 주장을 선택해야 하는지를 판정해주는 과정이 검정이다.

위의 주장 (1)과 같이 표본으로부터 얻은 정보에 의하여 입증하고자 하는 주장을 **대립가설**(alternative hypothesis)이라 하고 H_1으로 나타내며, 주장 (2)와 같이 그에 상반되는 주장을 **귀무가설**(null hypothesis)이라 하고 H_0으로 나타낸다. 위의 예에 대하여 가설은 다음과 같이 나타낼 수 있다.

$$H_0 : \mu \leq 100, \quad H_1 : \mu > 100$$

그러나 지금까지 생산한 전구의 평균 수명이 100시간이었으므로 다음과 같이 나타낼 수도 있다.

$$H_0 : \mu = 100, \quad H_1 : \mu > 100$$

이와 같은 가설검정을 위하여 표본평균과 표본표준편차를 사용하게 되는데, 검정에 사용되는 통계량을 **검정통계량**이라 하고 귀무가설 H_0를 기각하도록 정해진 검정통계량의 관측 값의 영역을 **기각역**이라 한다. 즉, 검정통계량의 관측 값이 기각역에 속하면 H_0 기각 (H_1 채택)으로 판정하고, 그렇지 않으면 H_0 채택 (H_1 기각)으로 판정한다.

검정결과 H_0가 기각될 때는 입증하고자 하는 가설이 채택된 것이므로 검정결과는 '**통계적으로 유의하다**'고 말한다. 여기에서 주의할 점은 검정결과가 반드시 옳은 판정은 아닐 수도 있으며, 다음과 같은 두 가지 오류가 일어날 수도 있다.

구분		검정결과	
		H_0 채택	H_0 기각
실제 현상	H_0 참	옳은 결정	제1종 오류
	H_0 거짓	제2종 오류	옳은 결정

다시 말하면, **제1종 오류**는 H_0가 참일 때 H_0를 기각하는 오류이고 **제2종 오류**는 H_0가 거짓일 때 H_0를 채택하는 오류를 말한다. 검정에서 두 가지 오류를 동시에 최소가 되게 하는 검정법을 찾을 수 있으면 가장 바람직하겠지만 이것은 불가능한 것으로 알려져 있다. 따라서 두 가지 오류 중의 하나를 선택하여 최소화하는 검정법을 사용하게 되는데, 제2종 오류보다 제1종 오류를 중요시하여 제1종 오류를 범할 확률의 최대허용한계를 **유의수준**(significance level)이라 하고, α로 나타낸다. 자주 사용되는 유의수준으로는 $\alpha = 0.01$, $\alpha = 0.05$, $\alpha = 0.1$의 세 가지가 있고, 그 중에서도 $\alpha = 0.05$가 가장 많이 사용된다.

위의 예에서, 제1종 오류는 실제로 평균 수명이 향상되지 않았음에도 불구하고 평균 수명이 향상된 것으로 판단하여 회사가 엄청난 투자손실을 입게 될 오류를 의미하고, 제2종 오류는 실제로 평균 수명이 향상되었음에도 불구하고 평균 수명이 향상되지 않은 것으로 판단하여 회사가 새로운 투자로 한 단계 발전할 수 있는 기회를 상실하게 될 오류를 의미한다.

일반적으로 가설검정의 과정은 다음과 같다.

① 귀무가설 H_0와 대립가설 H_1을 설정한다.
② 유의수준 α를 결정한다.
③ 주어진 자료로부터 검정통계량의 관측 값을 계산한다.
④ 기각역을 구한다.
⑤ 판정한다: 검정통계량의 관측 값이 기각역에 속하면 H_0를 기각하고,
그렇지 않으면 H_0를 채택한다(기각하지 않는다).

참고▸▸▸

가설검정은 재판과정과 유사하다. 예를 들어, 갑이라는 사람이 어떤 범죄사건의 용의자로 검거되어 검찰수사를 받고 재판에 넘겨졌다고 가정하자. 이 경우 검찰이 입증하고자 하는 주장은 갑이 범인이라는 것이므로 귀무가설과 대립가설은 다음과 같다.

H_0 : 갑은 무죄이다(갑은 범인이 아니다) H_1 : 갑이 범인이다(갑은 유죄이다)

재판결과도 검정결과와 마찬가지로 반드시 옳은 판정은 아닐 수도 있으며, 다음과 같이 두 가지 오류가 일어날 수 있다.

구분		재판결과	
		무죄판결	유죄판결
실제 상황	갑은 무죄	옳은 결정	제1종 오류
	갑이 범인	제2종 오류	옳은 결정

여기에서, 제1종 오류는 실제로 갑이 무죄임에도 불구하고 유죄판결을 받아서 억울한 옥살이를 하게 되는 경우이고, 제2종 오류는 실제로 갑이 범인임에도 불구하고 무죄판결을 받아서 석방하게 되는 아쉬운 경우를 의미한다. 이와 같이 실제 범인이 증거부족으로 무죄판결 받는 경우도 없어야겠지만 그보다도 죄 없는 사람이 억울한 옥살이 하는 경우가 없도록 하는 것이 더욱 중요하다.

8.2 정규모집단에서 모평균의 검정

(1) 모분산을 아는 경우

정규모집단 $N(\mu,\ \sigma^2)$에서 σ^2이 알려져 있을 때, 다음과 같은 가설검정을 생각해보자.

$$H_0 : \mu = \mu_0,\ \ H_1 : \mu > \mu_0$$

이와 같은 경우에는 표본평균 $\overline{X}$의 값이 클수록 대립가설이 옳다는 확실한 증거가 되기 때문에 검정통계량을 $\overline{X}$으로 할 때 기각역은 다음과 같은 형태로 정해진다.

$$\text{기각역} :\ \overline{X} \geq c$$

이제, 유의수준이 α가 되도록 상수 c의 값을 구해보자. $H_0 : \mu = \mu_0$가 참이라고 가정하면

$$Z = \frac{\overline{X} - \mu_0}{\sigma / \sqrt{n}} \sim N(0,\ 1)$$

이므로

$$\begin{aligned} \alpha &= P(\overline{X} \geq c \mid \mu = \mu_0) \\ &= P\left(\frac{\overline{X} - \mu_0}{\sigma/\sqrt{n}} \geq \frac{c - \mu_0}{\sigma/\sqrt{n}}\right) \\ &= P\left(Z \geq \frac{c - \mu_0}{\sigma/\sqrt{n}}\right) \end{aligned}$$

이다. 따라서 $\dfrac{c - \mu_0}{\sigma/\sqrt{n}} = z_\alpha$이고 $c = \mu_0 + z_\alpha \dfrac{\sigma}{\sqrt{n}}$이다. 그러므로 유의수준 α인 기각역은 다음과 같다.

$$\text{기각역} :\ \overline{X} \geq \mu_0 + z_\alpha \frac{\sigma}{\sqrt{n}}$$

그런데 이 기각역은

$$\frac{\overline{X} - \mu_0}{\sigma/\sqrt{n}} \geq z_\alpha$$

와 동치이므로 다음과 같이 검정하는 것이 편리하다.

$$\text{검정통계량 : } Z_0 = \frac{\overline{X} - \mu_0}{\sigma / \sqrt{n}}$$

$$\text{기각역 : } Z_0 \geq z_\alpha$$

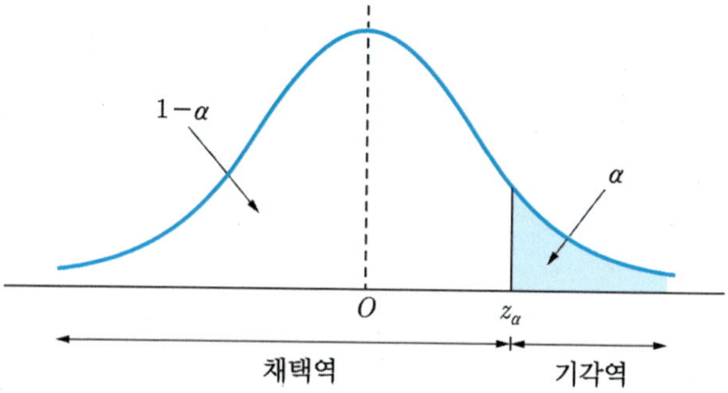

[그림 8.1]

이와 같이 표준정규분포를 사용하여 검정하는 방법을 Z-검정이라 하며, 모평균의 Z-검정에 대한 기각역을 정리하면 다음과 같다.

가설	검정통계량	기각역
① $H_0 : \mu = \mu_0,\ H_1 : \mu > \mu_0$	$Z_0 = \frac{\overline{X} - \mu_0}{\sigma / \sqrt{n}}$	$Z_0 \geq z_\alpha$
② $H_0 : \mu = \mu_0,\ H_1 : \mu < \mu_0$		$Z_0 \leq -z_\alpha$
③ $H_0 : \mu = \mu_0,\ H_1 : \mu \neq \mu_0$		$\lvert Z_0 \rvert \geq z_{\alpha/2}$

여기에서 ①과 ②의 경우를 단측 검정, ③의 경우를 양측 검정이라 한다.

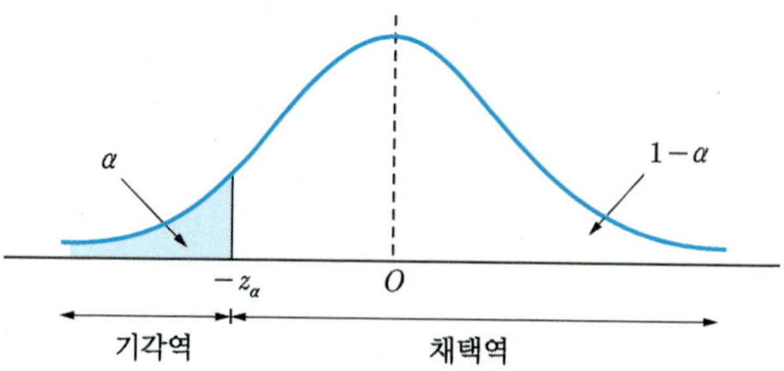

[그림 8.2] 단측 검정 ②의 기각역

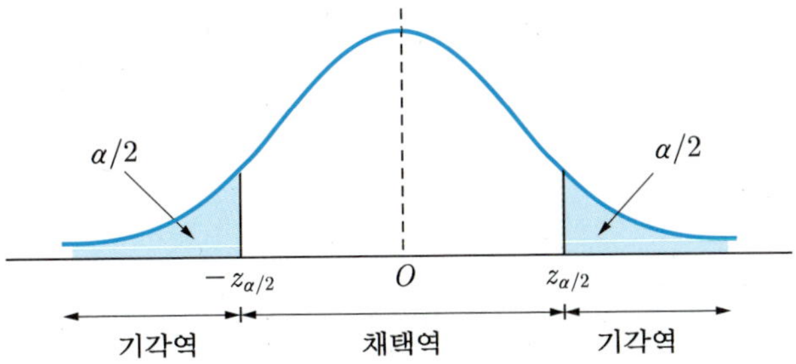

[그림 8.3] 양측 검정 ③의 기각역

예 8.2.1 어느 통조림 제조공장에서 내용물 무게의 평균이 350g, 표준편차가 15g인 정규분포를 따르도록 공정을 관리하고 있다. 어느 소비자 단체에서 실제 통조림의 내용물이 적게 들어 있다는 항의가 들어와서, 이를 확인하기 위하여 25개의 표본을 추출하여 조사한 결과 표본평균이 $\overline{x}=346$g으로 나타났다. 소비자 단체의 주장이 타당하다고 할 수 있는지를 유의수준 5%에서 검정하여라.

•풀이• ① 가설 $H_0: \mu = 350$, $H_1: \mu < 350$

② 유의수준: $\alpha = 0.05$

③ 검정통계량의 관측 값 $z_0 = \dfrac{\overline{x}-\mu_0}{\sigma/\sqrt{n}} = \dfrac{346-350}{15/\sqrt{25}} = -1.33$

④ 기각역: $Z_0 \leq -z_{0.05} = -1.645$

⑤ 판정: 검정통계량의 관측 값이 기각역에 속하지 않으므로 H_0를 기각하지 않는다. 즉, 유의수준 5%에서 소비자단체의 주장이 타당하다고 할 근거가 없다.

참고▸▸▸

위의 예제에서 표본평균이 $\overline{x}=345$g이면 검정통계량의 관측 값이

$$z_0 = \frac{\overline{x}-\mu_0}{\sigma/\sqrt{n}} = \frac{345-350}{15/\sqrt{25}} = -1.67$$

이 되어 H_0를 기각한다. 즉 유의수준 5%에서 소비자단체의 주장이 타당하다고 판정한다. 이런 경우, 소비자단체의 주장이 통계적으로 유의미하다고 말한다.

(2) 모분산을 모르는 경우

정규모집단 $N(\mu,\ \sigma^2)$에서 σ^2이 알려져 있지 않을 때

$$T = \frac{\overline{X} - \mu}{S/\sqrt{n}} \sim t(n-1)$$

을 사용하여 검정하게 되는데, 이러한 검정방법을 t-검정이라 한다. 모평균의 t-검정에 대한 기각역을 정리하면 다음과 같다.

가설	검정통계량	기각역
① $H_0 : \mu = \mu_0,\ H_1 : \mu > \mu_0$	$T_0 = \dfrac{\overline{X} - \mu_0}{S/\sqrt{n}}$	$T_0 \geq t_\alpha(n-1)$
② $H_0 : \mu = \mu_0,\ H_1 : \mu < \mu_0$		$T_0 \leq -t_\alpha(n-1)$
③ $H_0 : \mu = \mu_0,\ H_1 : \mu \neq \mu_0$		$\lvert T_0 \rvert \geq t_{\alpha/2}(n-1)$

예 8.2.2 어느 회사에서 생산되는 자동차의 연비(주행거리/$1l$)가 정규분포를 따른다고 하자. 이 회사에서 평균 연비가 20km를 초과한다고 주장하고 있다. 회사의 주장을 확인하기 위하여 10대의 차량을 시험 운전하여 주행거리를 측정한 결과는 다음과 같다.

$$18,\ 23,\ 24,\ 19,\ 20,\ 23,\ 22,\ 18,\ 19,\ 24$$

회사의 주장이 타당한지를 유의수준 5%에서 검정하여라.

•풀이• 먼저 표본평균과 표본분산을 구하면 다음과 같다.

$$\overline{x} = \frac{1}{10}\sum_{i=1}^{10} x_i = \frac{210}{10} = 21$$

$$s^2 = \frac{1}{9}\sum_{i=1}^{10}(x_i - \overline{x})^2 = \frac{54}{9} = 6$$

① 가설 $H_0 : \mu = 20,\ H_1 : \mu > 20$

② 유의수준: $\alpha = 0.05$

③ 검정통계량의 관측 값 $t_0 = \dfrac{\overline{x} - \mu_0}{s/\sqrt{n}} = \dfrac{21-20}{\sqrt{6}/\sqrt{10}} = 1.291$

④ 기각역: $T_0 \geq t_{0.05}(9) = 1.833$

⑤ 판정: 검정통계량의 관측 값이 기각역에 속하지 않으므로 H_0를 기각하지 않는다. 즉, 유의수준 5%에서 회사의 주장이 타당하다고 할 근거가 없다.

8.3 임의의 모집단에서 모평균의 검정(대표본인 경우)

임의의 모집단에서 표본의 크기가 충분히 크면, 귀무가설이 $H_0 : \mu = \mu_0$인 가설검정에서 검정통계량은 다음과 같다.

(1) σ^2을 알 때: $Z_0 = \dfrac{\overline{X} - \mu_0}{\sigma / \sqrt{n}}$

(2) σ^2을 모를 때: $Z_0 = \dfrac{\overline{X} - \mu_0}{S / \sqrt{n}}$

대립가설 형태에 따른 기각역은 다음과 같다.

대립가설	유의수준 α인 기각역
① $H_1 : \mu > \mu_0$	$Z_0 \geq z_\alpha$
② $H_1 : \mu < \mu_0$	$Z_0 \leq -z_\alpha$
③ $H_1 : \mu \neq \mu_0$	$\lvert Z_0 \rvert \geq z_{\alpha/2}$

예 8.3.1 어느 도시의 중학생 신장에 대한 5년 전 조사결과에서 평균이 162cm로 나타났었다. 5년이 지난 올해 중학생의 평균 신장에 변화가 있는지 알아보기 위하여 100명의 중학생을 임의 추출하여 신장을 조사한 결과 평균 $\overline{x} = 163.2$ cm, 표준편차 $s = 6$cm로 나타났다. 이 도시 전체 중학생의 평균 신장이 5년 전과 다른 지를 유의수준 5%에서 검정하여라.

•풀이• ① 가설 $H_0 : \mu = 162$, $H_1 : \mu \neq 162$

② 유의수준: $\alpha = 0.05$

③ 검정통계량의 관측 값 $z_0 = \dfrac{\overline{x} - \mu_0}{s/\sqrt{n}} = \dfrac{163.2 - 162}{6/\sqrt{100}} = 2.0$

④ 기각역: $|Z_0| \geq z_{0.025} = 1.96$

⑤ 판정: 검정통계량의 관측 값이 기각역에 속하므로 H_0를 기각한다.
즉, 유의수준 5%에서 도시 전체 중학생의 평균 신장이 5년 전과 다르다고 할 수 있다.

8.4 모비율의 검정(대표본인 경우)

표본의 크기가 클 때, 귀무가설이 $H_0 : p = p_0$인 가설검정을 생각해보자. 귀무가설 $H_0 : p = p_0$가 참이라고 가정하면

$$\frac{\hat{p} - p_0}{\sqrt{p_0(1-p_0)/n}} \approx N(0,\ 1)$$

이므로 검정통계량은

$$Z_0 = \frac{\hat{p} - p_0}{\sqrt{p_0(1-p_0)/n}}$$

을 사용한다. 대립가설 형태에 따른 기각역은 다음과 같다.

대립가설	유의수준 α인 기각역
① $H_1 : p > p_0$	$Z_0 \geq z_\alpha$
② $H_1 : p < p_0$	$Z_0 \leq -z_\alpha$
③ $H_1 : p \neq p_0$	$\lvert Z_0 \rvert \geq z_{\alpha/2}$

예 8.4.1 어느 회사에서 생산되는 제품의 불량률이 5%라고 하자. 이 회사에서 불량률을 줄이기 위한 새로운 공정을 개발하였으며, 새로운 공정에 의하여 시험적으로 200개를 생산하여 불량품의 개수를 검사한 결과 8개의 불량품이 나왔다. 새로운 공정이 불량률을 줄였다고 할 수 있는지 유의수준 5%에서 검정하여라.

•풀이• 표본비율은 $\hat{p} = \frac{8}{200} = 0.04$이다.

① 가설 $H_0: p = 0.05$, $H_1: p < 0.05$

② 유의수준: $\alpha = 0.05$

③ 검정통계량의 관측 값 $z_0 = \frac{0.04 - 0.05}{\sqrt{0.05(1-0.05)/200}} = -0.6489$

④ 기각역: $Z_0 \leq -z_{0.05} = 1.645$

⑤ 판정: 검정통계량의 관측 값이 기각역에 속하지 않으므로 H_0를 기각하지 않는다. 즉, 유의수준 5%에서 새로운 공정이 불량률을 줄였다고 할 수 없다.

8.5 유의확률(또는 p–값)

지금까지의 검정과정에서 살펴 본 바와 같이, 유의수준 α는 미리 결정하고 검정통계량의 관측 값에 따라서 판정을 하게 된다. 그러나 유의수준은 5%를 가장 많이 사용하기는 하지만 검정하는 사람의 의지에 따라 다를 수도 있다. 따라서 검정통계량의 관측 값으로 부터 가설 H_0를 기각할 수 있는 유의수준의 최솟값을 구하여 활용하면 편리하다. 이러한 유의수준의 최솟값을 **유의확률** 또는 ***p*-값**이라 한다. 통계분석을 위하여 개발된 대부분의 컴퓨터 패키지들은 p-값을 제공한다.

p-값의 정의로부터 유의수준 α와 p-값의 관계는 다음과 같다.

(i) p-값 $\leq \alpha \Leftrightarrow H_0$ 기각

(ii) p-값 $> \alpha \Leftrightarrow H_0$ 채택

그러면, 실제로 p-값은 어떻게 계산하는 것일까? p-값의 계산은 검정통계량의 관측 값이 기각역의 경곗값이 되게 하는 유의수준을 구하면 된다. Z-검정인 경우에 귀무가설 $H_0: \mu = \mu_0$이고 검정통계량 Z_0의 관측 값이 z_0일 때, p-값의 계산은 다음과 같다.

대립가설	기각역	p-값
① $H_1: \mu > \mu_0$	$Z_0 \geq z_\alpha$	$P(Z \geq z_0)$
② $H_1: \mu < \mu_0$	$Z_0 \leq -z_\alpha$	$P(Z \leq z_0)$
③ $H_1: \mu \neq \mu_0$	$\lvert Z_0 \rvert \geq z_{\alpha/2}$	$P(\lvert Z \rvert \geq \lvert z_0 \rvert)$

이때, p-값과 유의수준 α의 관계를 그림으로 나타내면 다음과 같다.

① $H_1: \mu > \mu_0$일 때

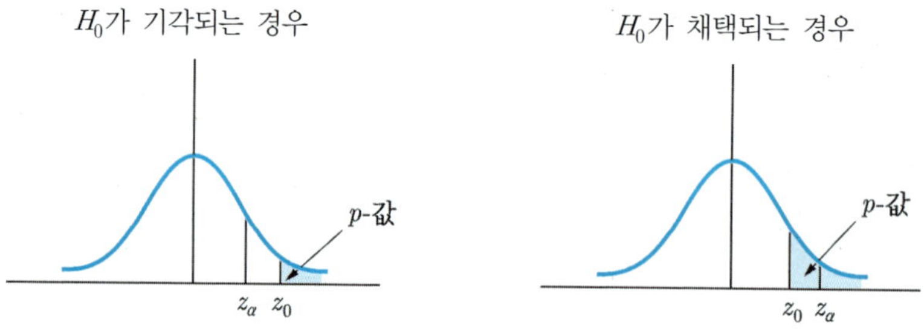

② $H_1: \mu < \mu_0$일 때

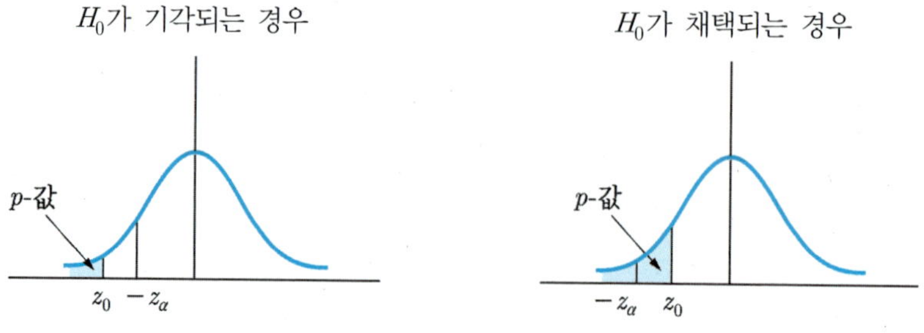

③ $H_1 : \mu \neq \mu_0$일 때

H_0가 기각되는 경우

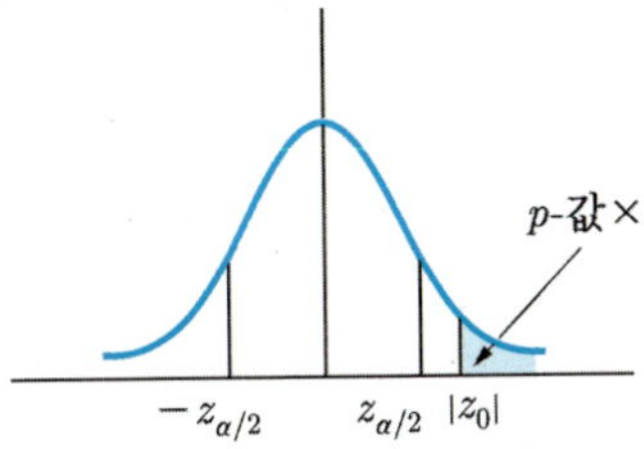

H_0가 채택되는 경우

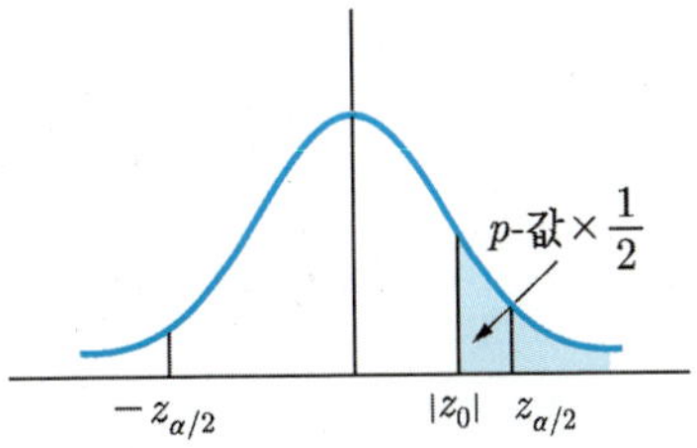

예 8.5.1 예 8.2.1에서 p-값을 구하여라.

•풀이• 가설 $H_0 : \mu = 350$, $H_1 : \mu < 350$이고 검정통계량의 관측 값은

$$z_0 = \frac{\overline{x} - \mu_0}{\sigma / \sqrt{n}} = \frac{346 - 350}{15/\sqrt{25}} = -1.33$$

이므로

$$p\text{-값} = P(Z < -1.33) = 0.0918$$

t-검정인 경우와 대표본인 경우에도 같은 방법으로 p-값을 계산하면 된다.

예 8.5.2 예 8.3.1에서 p-값을 구하여라.

•풀이• 가설 $H_0 : \mu = 162$, $H_1 : \mu \neq 162$이고 검정통계량의 관측 값은

$$z_0 = \frac{\overline{x} - \mu_0}{s / \sqrt{n}} = \frac{163.2 - 162}{6/\sqrt{100}} = 2.0$$

이므로

$$p\text{-값} = P(|Z| \geq 2.0) = 0.0456$$

8.6 정규모집단에서 모분산의 검정

정규모집단 $N(\mu,\ \sigma^2)$에서 다음과 같은 가설검정을 생각해보자.

$$H_0 : \sigma^2 = \sigma_0^2,\ \ H_1 : \sigma^2 > \sigma_0^2$$

이와 같은 경우에는 표본분산 S^2의 값이 클수록 대립가설에 대한 확실한 증거가 되기 때문에 검정통계량을 S^2으로 하여 기각역은 다음과 같은 형태로 정해진다.

$$\text{기각역} : S^2 \ge c$$

이제, 유의수준이 α가 되도록 상수 c의 값을 구해보자. $H_0 : \sigma^2 = \sigma_0^2$가 참이라고 가정하면

$$V = \frac{(n-1)S^2}{\sigma_0^2} \sim \chi^2(n-1)$$

이므로

$$\begin{aligned}\alpha &= P(S^2 \ge c \mid \sigma^2 = \sigma_0^2) \\ &= P\left[\frac{(n-1)S^2}{\sigma_0^2} \ge \frac{(n-1)c}{\sigma_0^2}\right]\end{aligned}$$

이다. 따라서 $\dfrac{(n-1)c}{\sigma_0^2} = \chi_\alpha^2(n-1)$이고 $c = \dfrac{\sigma_0^2\ \chi_\alpha^2(n-1)}{n-1}$이다. 그러므로 유의수준 α인 기각역은 다음과 같다.

$$\text{기각역} : S^2 \ge \frac{\sigma_0^2\ \chi_\alpha^2(n-1)}{n-1}$$

그런데 이 기각역은

$$\frac{(n-1)S^2}{\sigma_0^2} \ge \chi_\alpha^2(n-1)$$

와 동치이므로 다음과 같이 검정하는 것이 편리하다.

$$\text{검정통계량: } V_0 = \frac{(n-1)S^2}{\sigma_0^2}, \quad \text{기각역: } V_0 \geq \chi^2_\alpha(n-1)$$

이와 같은 방법으로, 귀무가설 $H_0 : \sigma^2 = \sigma_0^2$에 대한 검정통계량은

$$V_0 = \frac{(n-1)S^2}{\sigma_0^2}$$

이고 대립가설에 따른 기각역을 정리하면 다음과 같다.

대립가설	기각역
① $H_1 : \sigma^2 > \sigma_0^2$	$V_0 \geq \chi^2_\alpha(n-1)$
② $H_1 : \sigma^2 < \sigma_0^2$	$V_0 \leq \chi^2_{1-\alpha}(n-1)$
③ $H_1 : \sigma^2 \neq \sigma_0^2$	$V_0 \geq \chi^2_{\alpha/2}(n-1)$ 또는 $V_0 \leq \chi^2_{1-\alpha/2}(n-1)$

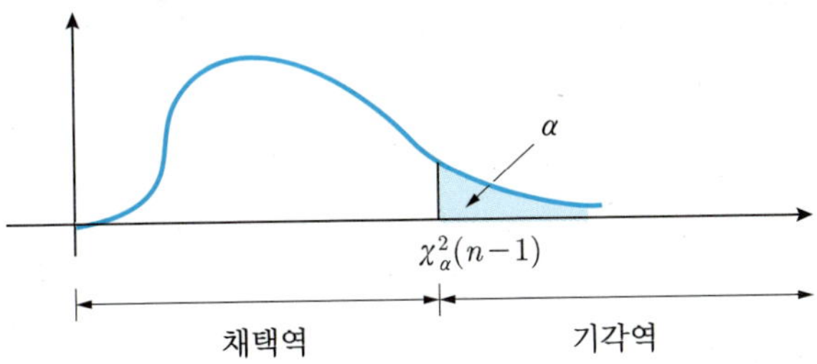

[그림 8.4] 단측 검정 ①의 기각역

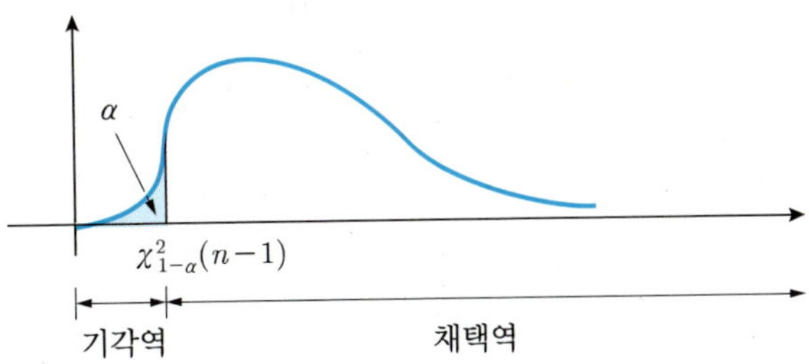

[그림 8.5] 단측 검정 ②의 기각역

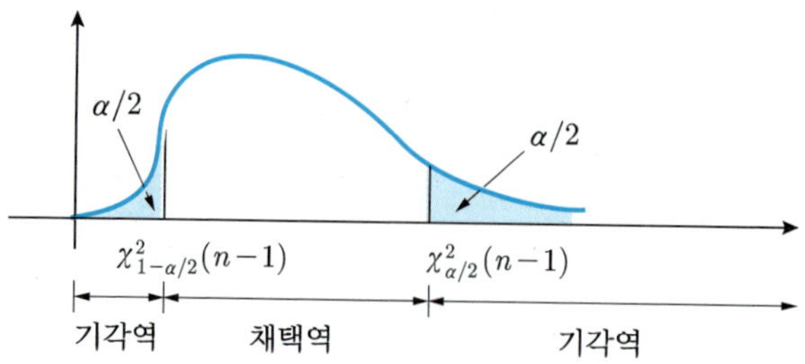

[그림 8.6] 양측 검정 ③의 기각역

예 8.6.1 어느 공장에서 생산되는 플라스틱판 두께는 정규분포를 따른다고 가정하자. 이 공장에서 판 두께의 표준편차가 1.5mm 이하가 되도록 공정을 관리하고 있다. 어느 날 10개의 제품을 랜덤추출하여 두께를 측정한 결과(단위: mm)는 다음과 같다.

$$124,\ 125,\ 126,\ 128,\ 127,\ 130,\ 129,\ 124,\ 128,\ 129$$

이때, 생산 공정에 이상이 있는지를 유의수준 5%에서 검정하여라.

•풀이• 주어진 자료로부터 표본평균 $\bar{x} = 127$, 표본분산 $s^2 = \frac{42}{9}$ 이다.

① 가설 $H_0 : \sigma^2 = 1.5^2$, $H_0 : \sigma^2 > 1.5^2$

② 유의수준: $\alpha = 0.05$

③ 검정통계량의 관측 값 $v_0 = \frac{(n-1)s^2}{\sigma_0^2} = \frac{42}{1.5^2} = 18.667$

④ 기각역: $V_0 \geq \chi^2_{0.05}(9) = 16.919$

⑤ 판정: 검정통계량의 관측 값이 기각역에 속하므로 H_0를 기각한다.
즉, 유의수준 5%에서 생산 공정에 이상이 있다고 할 수 있다.

8.7 엑셀을 이용한 p-값 계산

예 8.7.1 예 8.2.2의 자료가 $\sigma = 2.5$ 인 정규모집단에서 추출되었다고 하자. 가설 $H_0: \mu = 20$, $H_1: \mu > 20$에 대한 p-값 구하는 과정은 다음과 같다.

① 워크시트에 데이터를 입력한다.
② 수식 → 함수 더 보기 → 통계 → Z.TEST 선택한다.
③ 다음 그림과 같이 대화상자에 데이터 범위, 귀무가설 값 20, 표준편차 2.5를 입력한다.
④ 확인을 누르면 p-값 0.10295가 출력된다.
⑤ 양측 p-값을 구하고자 할 때는 단측 p-값에 2배를 하면 된다.

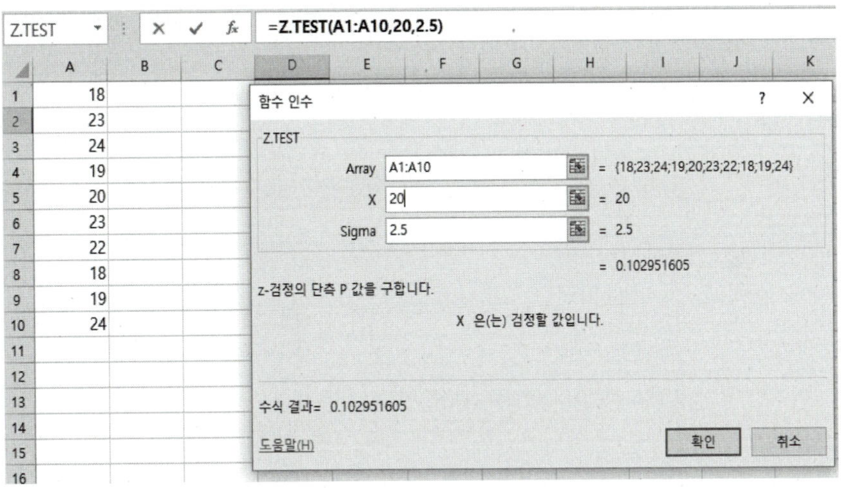

예 8.7.2 예 8.2.2의 자료가 모분산이 미지의 정규모집단에서 추출되었다고 하자. 이 경우 수식 → 함수 더 보기 → 통계 → T.TEST를 사용하여 p-값을 구해야 하는데, 불행하게도 EXCEL2016에서 함수 T.TEST는 9장에서 다루게 될 두 정규모집단의 모평균 비교를 제공하는 함수이다. 따라서 가설 $H_0: \mu = 20$, $H_1: \mu > 20$에 대한 p-값은 다음과 같이 둘째 열에 20을 채워 넣고 구하면 된다.

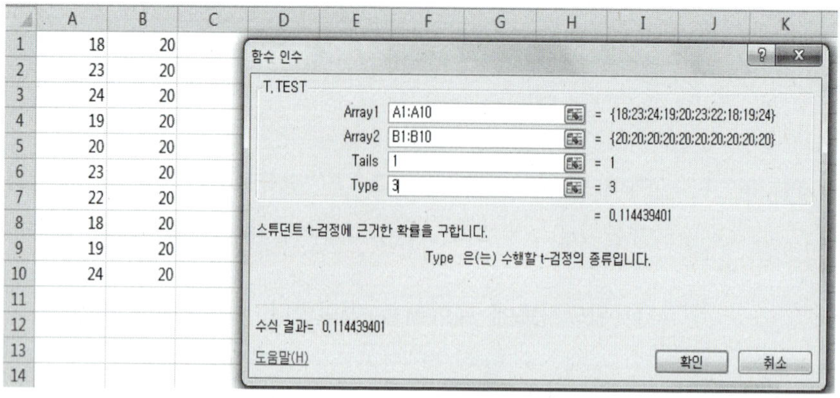

여기에서 Tails 1은 단측, 2는 양측, Type 3은 서로 다른 모분산인 경우를 의미한다. (자세한 내용은 예 9.6.6 참조)

이 결과를 확인해보자. 예 8.2.2에서 검정통계량의 관측 값이 $t_0 = 1.291$이므로 $T \sim t(9)$일 때 p-값은 $P(T \geq 1.291)$이다. 이 값을 계산해보면 다음 그림에서 거의 같은 값이 나오는데, 이것은 1.291이 근삿값이기 때문이다.

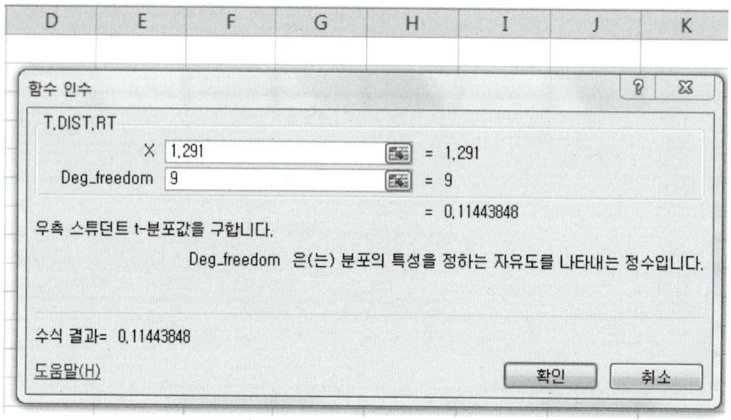

검정통계량의 정확한 관측 값 $t_0 = 1.290994449$를 사용하여 다시 계산하면 다음과 같다.

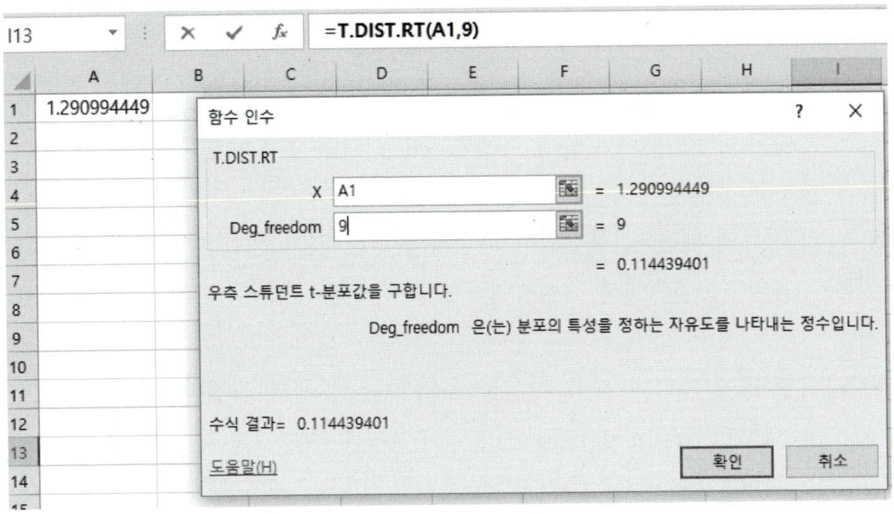

예 8.7.3 예 8.6.1의 자료에서 가설 $H_0 : \sigma^2 = 1.5^2$, $H_0 : \sigma^2 > 1.5^2$에 대한 p-값 구하여 보자. EXCEL2016에서는 정규모집단에서 분산의 검정에 대한 p-값을 구하는 통계함수를 제공하지 않는다. 통계함수 CHISQ.TEST는 이 책에서 다루지 않는 동질성 검정 또는 독립성 검정에 사용되는 함수이다. 따라서 직접 검정통계량의 관측 값을 계산한 다음 통계함수 CHISQ.DIST.RT(단측) 또는 CHISQ.DIST.2T(양측)을 사용하여 p-값을 구한다. 예 8.6.1에서 검정통계량의 관측 값이 18.667이므로 다음 그림에 의하여 p-값은 0.028이다.

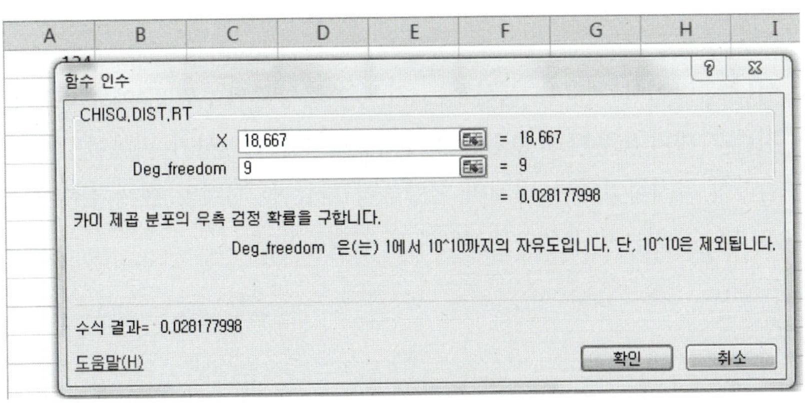

연습문제

1. 문제 7.1의 자료에 대하여, 통신회사 고객의 월평균 전화 통화량이 80분보다 많다고 할 수 있는지 유의수준 5%에서 검정하여라.

2. 문제 7.2의 자료에 대하여 다음 가설을 유의수준 5%에서 검정하여라.
   (1) $H_0: \mu = 1970$, $H_1: \mu < 1970$
   (2) $H_0: \mu = 1965$, $H_1: \mu \neq 1965$

3. 문제 7.3의 자료에 대하여 다음 가설을 검정하고, 엑셀을 이용하여 p-값을 구하여라.
   (1) $H_0: \mu = 49$, $H_1: \mu > 49$, 유의수준 1%
   (2) $H_0: \mu = 51.2$, $H_1: \mu \neq 51.2$, 유의수준 5%
   (3) $H_0: \sigma^2 = 3$, $H_1: \sigma^2 < 3$, 유의수준 5%
   (4) $H_0: \sigma = 1.2$, $H_1: \sigma > 1.2$, 유의수준 10%

4. 문제 7.4의 자료에 대하여 다음 가설을 유의수준 1%에서 검정하고 p-값을 구하여라.
   (1) $H_0: p = 0.3$, $H_1: p < 0.3$
   (2) $H_0: p = 0.3$, $H_1: p \neq 0.3$

5. 어느 공장에서 제품을 생산하는 기계의 불량률이 5년 전에 0.04이었다. 5년이 경과한 지금 기계의 노후화로 불량률이 높아졌는지를 확인하기 위하여 200개의 제품을 표본 추출하여 조사하였더니 12개의 불량품이 나왔다. 기계의 현재 불량률이 5년 전보다 높다고 할 수 있는지 유의수준 5%에서 검정하여라.

두 모집단의 비교 9장

9.1 두 정규모집단의 모평균 비교(독립인 경우)

앞에서는 하나의 모집단을 대상으로 모수에 대한 추정과 검정의 통계적 추론을 다루었다. 그러나 실제 현상에서 다루는 문제는 두 개 이상의 모집단을 비교하는 경우가 많다. 이 장에서는 두 모집단의 평균, 모비율, 모분산을 비교하는 통계적 추론을 다루고자 한다.

두 정규모집단 $N(\mu_1, \sigma_1^2)$, $N(\mu_2, \sigma_2^2)$의 모평균을 비교하기 위하여 먼저 각각의 모집단에서 랜덤표본을 추출하여야 한다. 두 모집단이 독립이라고 가정하고 각각의 모집단에서 추출된 크기 n_1, n_2의 표본을 다음과 같이 나타내자.

(i) $X_1, X_2, \cdots, X_{n_1}$: 모집단 $N(\mu_1, \sigma_1^2)$에서 추출된 크기 n_1인 랜덤표본

(ii) $Y_1, Y_2, \cdots, Y_{n_2}$: 모집단 $N(\mu_2, \sigma_2^2)$에서 추출된 크기 n_2인 랜덤표본

이때, 각 랜덤표본의 표본평균과 표본분산은 다음과 같이 나타낸다.

$$\overline{X} = \frac{1}{n_1}\sum_{i=1}^{n_1} X_i, \quad S_1^2 = \frac{1}{n_1-1}\sum_{i=1}^{n_1}(X_i - \overline{X})^2$$

$$\overline{Y} = \frac{1}{n_2}\sum_{j=1}^{n_2} Y_j, \quad S_2^2 = \frac{1}{n_2-1}\sum_{j=1}^{n_2}(Y_j - \overline{Y})^2$$

두 모집단이 독립이므로 두 랜덤표본 $(X_1, X_2, \cdots, X_{n_1})$와 $(Y_1, Y_2, \cdots, Y_{n_2})$도 서로 독립이다. 따라서 $\overline{X}$와 $\overline{Y}$, S_1^2와 S_2^2도 서로 독립이 된다.

1) 두 모분산 σ_1^2, σ_2^2을 아는 경우

$\overline{X} \sim N(\mu_1, \frac{\sigma_1^2}{n_1})$이고 $\overline{Y} \sim N(\mu_2, \frac{\sigma_2^2}{n_2})$이고 $\overline{X}$와 $\overline{Y}$는 서로 독립이므로 정리 5.4.3에 의하여 $\overline{X} - \overline{Y} \sim N(\mu_1 - \mu_2, \frac{\sigma_1^2}{n_1} + \frac{\sigma_2^2}{n_2})$이다. 즉,

$$\frac{(\overline{X} - \overline{Y}) - (\mu_1 - \mu_2)}{\sqrt{\sigma_1^2/n_1 + \sigma_2^2/n_2}} \sim N(0, 1)$$

이므로 7.2절에서와 같은 방법에 의하여 $\mu_1 - \mu_2$에 대한 $100(1-\alpha)\%$ 신뢰구간은 다음과 같다.

$$\mu_1 - \mu_2 = (\overline{X} - \overline{Y}) \pm z_{\alpha/2}\sqrt{\frac{\sigma_1^2}{n_1} + \frac{\sigma_2^2}{n_2}}$$

예 9.1.1 어느 부품 조립공장에서 남자사원과 여자사원 간의 조립시간에 차이가 있는지를 알아보기 위한 조사를 진행하였다. 조립시간의 표준편차는 남자 4분, 여자 3분인 정규분포를 따르는 것으로 알려져 있다. 남자 15명, 여자 10명을 랜덤추출하여 조립에 소요된 평균 시간을 측정한 결과는 각각 12분, 14분이라고 할 때, 두 그룹간의 평균 시간 차이에 대한 95% 신뢰구간을 구하여라.

•풀이•

$$\begin{aligned}\mu_1 - \mu_2 &= (\overline{x} - \overline{y}) \pm z_{0.025}\sqrt{\frac{\sigma_1^2}{n_1} + \frac{\sigma_2^2}{n_2}} \\ &= (12 - 14) \pm 1.96\sqrt{\frac{4^2}{15} + \frac{3^2}{10}} \\ &= -2 \pm 2.7487 = (-4.7487,\ 0.7487)\end{aligned}$$

모평균의 차이에 대한 가설검정도 8.2절에서와 같은 방법에 의하여 검정통계량과 기각역을 구한 다음 판정한다. 귀무가설 $H_0 : \mu_1 = \mu_2$ (또는 $H_0 : \mu_1 - \mu_2 = 0$)에 대하여 검정통계량과 기각역은 다음과 같다.

$$\text{검정통계량 } Z_0 = \frac{\overline{X} - \overline{Y}}{\sqrt{\sigma_1^2/n_1 + \sigma_2^2/n_2}}$$

대립가설	유의수준 α인 기각역
① $H_1 : \mu_1 > \mu_2$	$Z_0 \geq z_\alpha$
② $H_1 : \mu_1 < \mu_2$	$Z_0 \leq -z_\alpha$
③ $H_1 : \mu_1 \neq \mu_2$	$\lvert Z_0 \rvert \geq z_{\alpha/2}$

예 9.1.2 예 9.1.1에서 남자그룹의 조립시간이 여자그룹보다 빠르다고 할 수 있는지 유의수준 5%에서 검정하여라.

•풀이• ① 가설 $H_0 : \mu_1 = \mu_2$, $H_1 : \mu_1 < \mu_2$

② 유의수준: $\alpha = 0.05$

③ 검정통계량의 관측 값

$$z_0 = \frac{\overline{x} - \overline{y}}{\sqrt{\sigma_1^2/n_1 + \sigma_2^2/n_2}} = \frac{12-14}{\sqrt{4^2/15 + 3^2/10}} = -1.426$$

④ 기각역: $Z_0 \le -z_{0.05} = -1.645$

⑤ 판정: 검정통계량의 관측 값이 기각역에 속하지 않으므로 H_0를 기각하지 않는다. 즉, 남자그룹의 조립시간이 여자그룹보다 빠르다고 할 수 없다.

참고▸▸▸

가설이 $H_0 : \mu_1 - \mu_2 = \delta_0$, $H_1 : \mu_1 - \mu_2 > \delta_0$이면 검정통계량은 다음과 같다.

$$Z_0 = \frac{(\overline{X} - \overline{Y}) - \delta_0}{\sqrt{\sigma_1^2/n_1 + \sigma_2^2/n_2}}$$

2) 두 모분산 σ_1^2, σ_2^2을 모르는 경우

여기서는 $\sigma_1^2 = \sigma_2^2 = \sigma^2$이고, σ^2을 모르는 경우만 다루기로 한다. 두 모분산이 같으면,

$$\frac{(\overline{X} - \overline{Y}) - (\mu_1 - \mu_2)}{\sigma\sqrt{1/n_1 + 1/n_2}} \sim N(0\,,\,1)$$

이 된다. 여기에서 σ^2을 모르기 때문에 σ^2의 불편추정량을 구하여 사용한다. 모집단 $N(\mu_1, \sigma^2)$에서 추출된 크기 n_1의 랜덤표본에 대한 편차의 제곱의 합은

$$\sum_{i=1}^{n_1}(X_i - \overline{X})^2 = (n_1 - 1)S_1^2$$

이고, 모집단 $N(\mu_2,\ \sigma^2)$에서 추출된 크기 n_2의 랜덤표본에 대한 편차의 제곱의 합은

$$\sum_{j=1}^{n_2}(Y_i - \overline{Y})^2 = (n_2 - 1)S_2^2$$

이므로 편차의 제곱의 합의 총계는

$$\sum_{i=1}^{n_1}(X_i - \overline{X})^2 + \sum_{j=1}^{n_2}(Y_i - \overline{Y})^2 = (n_1 - 1)S_1^2 + (n_2 - 1)S_2^2$$

이다. 이제

$$\begin{aligned} E[(n_1 - 1)S_1^2 + (n_2 - 1)S_2^2] &= (n_1 - 1)\sigma^2 + (n_2 - 1)\sigma^2 \\ &= (n_1 + n_2 - 2)\sigma^2 \end{aligned}$$

이므로

$$S_p^2 = \frac{(n_1 - 1)S_1^2 + (n_2 - 1)S_2^2}{n_1 + n_2 - 2}$$

로 정의하면, S_p^2은 공통 모분산 σ^2의 불편추정량이 된다. 이때, S_p^2을 σ^2의 **합동추정량**(pooled estimator)이라 부른다.

정리 9.1.1

분산이 같은 두 정규모집단에서의 랜덤표본에 대하여 다음이 성립한다.

$$T = \frac{(\overline{X} - \overline{Y}) - (\mu_1 - \mu_2)}{S_p\sqrt{1/n_1 + 1/n_2}} \sim t(n_1 + n_2 - 2)$$

이 정리를 사용하여 $\mu_1 - \mu_2$에 대한 구간추정과 가설검정을 하면 다음과 같다.

(1) 100(1−α)% 신뢰구간

$$\mu_1 - \mu_2 = (\overline{X} - \overline{Y}) \pm t_{\alpha/2}(n_1 + n_2 - 2)\, S_p \sqrt{1/n_1 + 1/n_2}$$

(2) 가설검정

귀무가설 $H_0 : \mu_1 = \mu_2$ (또는 $H_0 : \mu_1 - \mu_2 = 0$)에 대하여

$$\text{검정통계량 } T_0 = \frac{\overline{X} - \overline{Y}}{S_p \sqrt{1/n_1 + 1/n_2}}$$

대립가설	유의수준 α인 기각역
① $H_1 : \mu_1 > \mu_2$	$T_0 \ge t_\alpha(n_1 + n_2 - 2)$
② $H_1 : \mu_1 < \mu_2$	$T_0 \le -t_\alpha(n_1 + n_2 - 2)$
③ $H_1 : \mu_1 \ne \mu_2$	$\lvert T_0 \rvert \ge t_{\alpha/2}(n_1 + n_2 - 2)$

예 9.1.3 27마리의 젖소를 키우는 농장에서 두 종류의 사료가 우유 생산량에 미치는 영향의 차이를 조사하고자 한다. 우유 생산량은 정규분포를 따르고 사료간의 분산은 동일한 것으로 가정하자. 13마리를 랜덤추출하여 사료 1을 주고, 나머지는 사료 2를 주면서 일정기간 각 젖소의 일일 평균 우유 생산량을 조사한 결과는 다음과 같다.

구분	우유 생산량(단위: 리터)
사료 1	46, 55, 47, 48, 42, 59, 54, 50, 47, 43, 53, 60, 59
사료 2	37, 52, 42, 45, 38, 55, 52, 49, 44, 38, 53, 54, 42, 43

(1) 두 사료에 따른 우유 생산량의 평균 차이에 대한 95% 신뢰구간을 구하여라.

(2) 사료 1에 대한 우유 생산량이 사료 2보다 많다고 할 수 있는지 유의수준 5%에서 검정하여라.

•풀이• 주어진 자료로부터 표본평균과 표본분산을 구하면 다음과 같다.

$$\text{사료 1 : } \bar{x} = 51,\ s_1^2 = \frac{450}{12} = 37.5$$

$$\text{사료 2 : } \bar{y} = 46,\ s_2^2 = \frac{530}{13} = 40.769$$

따라서 합동표본분산은

$$s_p^2 = \frac{12\,s_1^2 + 13\,s_2^2}{12+13} = \frac{450+530}{25} = 39.2$$

이고, $s_p = \sqrt{39.2} = 6.261$이다.

(1) 95% 신뢰구간

$$\begin{aligned}\mu_1 - \mu_2 &= (\bar{x} - \bar{y}) \pm t_{0.025}(25)\, s_p \sqrt{1/n_1 + 1/n_2} \\ &= (51-46) \pm 2.06 \times 6.261 \times \sqrt{1/13 + 1/14} \\ &= 5 \pm 4.968 = (0.032,\ 9.968)\end{aligned}$$

(2) 가설검정

① 가설 $H_0 : \mu_1 = \mu_2$, $H_1 : \mu_1 > \mu_2$

② 유의수준: $\alpha = 0.05$

③ 검정통계량의 관측 값

$$t_0 = \frac{\bar{x} - \bar{y}}{s_p \sqrt{1/n_1 + 1/n_2}} = \frac{51-46}{6.261 \times \sqrt{1/13 + 1/14}} = 2.073$$

④ 기각역: $T_0 \geq t_{0.05}(25) = 1.708$

⑤ 판정: 검정통계량의 관측 값이 기각역에 속하므로 H_0를 기각한다.
즉, 사료 1에 대한 우유 생산량이 사료 2보다 많다고 할 수 있다.

참고▸▸▸

가설이 $H_0 : \mu_1 - \mu_2 = \delta_0$, $H_1 : \mu_1 - \mu_2 > \delta_0$이면 검정통계량은

$$T_0 = \frac{(\bar{X} - \bar{Y}) - \delta_0}{S_p \sqrt{1/n_1 + 1/n_2}}$$

이 된다.

예 9.1.4 예 9.1.3에서, 사료 1에 대한 우유 생산량이 사료 2에 비하여 $1l$ 이상 많다고 할 수 있는지 유의수준 5%에서 검정하여라.

•풀이• ① 가설 $H_0 : \mu_1 - \mu_2 = 1$, $H_1 : \mu_1 - \mu_2 > 1$

② 유의수준: $\alpha = 0.05$

③ 검정통계량의 관측 값

$$t_0 = \frac{(\overline{x} - \overline{y}) - 1}{s_p\sqrt{1/n_1 + 1/n_2}} = \frac{(51-46)-1}{6.261 \times \sqrt{1/13 + 1/14}} = 1.659$$

④ 기각역: $T_0 \geq t_{0.05}(25) = 1.708$

⑤ 판정: 검정통계량의 관측 값이 기각역에 속하지 않으므로 H_0를 기각하지 않는다. 즉, 사료 1에 대한 우유 생산량이 사료 2보다 $1l$ 이상 많다고 할 수 없다.

9.2 두 임의모집단의 모평균 비교(대표본)

두 임의 모집단에서 모평균의 비교는 두 표본의 크기가 모두 클 때 중심극한정리를 적용하여 구간추정과 가설검정을 하면 된다.

(1) 100(1−α)% 신뢰구간

① 두 모분산을 알 때: $\mu_1 - \mu_2 = (\overline{X} - \overline{Y}) \pm z_{\alpha/2}\sqrt{\sigma_1^2/n_1 + \sigma_2^2/n_2}$

② 두 모분산을 모를 때: $\mu_1 - \mu_2 = (\overline{X} - \overline{Y}) \pm z_{\alpha/2}\sqrt{S_1^2/n_1 + S_2^2/n_2}$

(2) 가설검정

귀무가설 $H_0 : \mu_1 = \mu_2$ (또는 $H_0 : \mu_1 - \mu_2 = 0$)에 대하여 검정통계량 Z_0은 다음과 같다.

① 두 모분산을 알 때: $Z_0 = \dfrac{\overline{X} - \overline{Y}}{\sqrt{\sigma_1^2/n_1 + \sigma_2^2/n_2}}$

② 두 모분산을 모를 때: $Z_0 = \dfrac{\overline{X} - \overline{Y}}{\sqrt{S_1^2/n_1 + S_2^2/n_2}}$

이때, 대립가설에 따른 기각역은 다음과 같다.

대립가설	유의수준 α인 기각역
① $H_1 : \mu_1 > \mu_2$	$Z_0 \geq z_\alpha$
② $H_1 : \mu_1 < \mu_2$	$Z_0 \leq -z_\alpha$
③ $H_1 : \mu_1 \neq \mu_2$	$\lvert Z_0 \rvert \geq z_{\alpha/2}$

예 9.2.1 A지역과 B지역의 근로자 임금격차를 알아보기 위하여 입사 5년차인 근로자의 월급여액에 대한 표본조사 결과가 다음과 같다고 하자. (단위: 만원)

6구분	모평균	표본크기	표본평균	표본표준편차
A지역	μ_1	$n_1 = 150$	$\overline{x} = 220$	$s_1 = 60$
B지역	μ_2	$n_2 = 100$	$\overline{y} = 208$	$s_2 = 50$

(1) $\mu_1 - \mu_2$에 대한 95% 신뢰구간을 구하여라.

(2) A지역 근로자의 월급여액이 B지역 근로자보다 많다고 할 수 있는지 유의수준 5%에서 검정하여라.

•풀이• (1) 95% 신뢰구간

$$\begin{aligned}\mu_1 - \mu_2 &= (\overline{x} - \overline{y}) \pm z_{0.025}\sqrt{s_1^2/n_1 + s_2^2/n_2} \\ &= (220 - 208) \pm 1.96 \times \sqrt{3600/150 + 2500/100} \\ &= 12 \pm 13.72 = (-1.72,\ 25.72)\end{aligned}$$

(2) 가설검정

① 가설 $H_0 : \mu_1 = \mu_2$, $H_1 : \mu_1 > \mu_2$

② 유의수준: $\alpha = 0.05$

③ 검정통계량의 관측 값

$$z_0 = \frac{\overline{x} - \overline{y}}{\sqrt{s_1^2/n_1 + s_2^2/n_2}} = \frac{220 - 208}{\sqrt{3600/150 + 2500/100}} = 1.714$$

④ 기각역: $Z_0 \geq z_{0.05} = 1.645$

⑤ 판정: 검정통계량의 관측 값이 기각역에 속하므로 H_0를 기각한다. 즉, A지역 근로자의 월급여액이 B지역 근로자보다 많다고 할 수 있다.

9.3 두 모비율의 비교

모비율이 p_1, p_2이고 서로 독립인 두 모집단에서 크기 n_1, n_2인 랜덤표본을 추출하였을 때의 표본비율을 각각

$$\hat{p}_1 = \frac{X}{n_1}, \quad \hat{p}_2 = \frac{Y}{n_2}$$

라 하자. 여기에서 X, Y는 각각 모집단 $B(1,\ p_1)$, $B(1,\ p_2)$에서 추출한 n_1, n_2개의 랜덤표본 중에서 나온 성공 횟수를 의미한다. n_1, n_2가 충분히 크면

$$\hat{p}_1 \approx N(p_1,\ \frac{p_1(1-p_1)}{n_1}) \text{이고 } \hat{p}_2 \approx N(p_2,\ \frac{p_2(1-p_2)}{n_2})$$

이고 $\hat{p}_1$와 $\hat{p}_2$는 서로 독립이므로 정리 5.4.3에 의하여

$$\hat{p}_1 - \hat{p}_2 \approx N\left(p_1 - p_2,\ \frac{p_1(1-p_1)}{n_1} + \frac{p_2(1-p_2)}{n_2}\right)$$

이다. 즉,

$$\frac{(\hat{p}_1-\hat{p}_2)-(p_1-p_2)}{\sqrt{p_1(1-p_1)/n_1+p_2(1-p_2)/n_2}} \approx N(0,\ 1)$$

(1) 100(1−α)% 신뢰구간

$$p_1-p_2 = (\hat{p}_1-\hat{p}_2) \pm z_{\alpha/2}\sqrt{\frac{\hat{p}_1(1-\hat{p}_1)}{n_1}+\frac{\hat{p}_2(1-\hat{p}_2)}{n_2}}$$

(2) 가설검정

귀무가설 $H_0 : p_1 = p_2$ (또는 $H_0 : p_1 - p_2 = 0$)에 대하여, 귀무가설이 참이라고 가정하여 $p_1 = p_2 = p$라 놓으면

$$\frac{\hat{p}_1-\hat{p}_2}{\sqrt{p(1-p)(1/n_1+1/n_2)}} \approx N(0,1)$$

이 된다. 이때, 공통 모비율 p의 합동추정량은

$$\hat{p} = \frac{X+Y}{n_1+n_2}$$

을 사용한다, 따라서 검정통계량은

$$Z_0 = \frac{\hat{p}_1-\hat{p}_2}{\sqrt{\hat{p}(1-\hat{p})(1/n_1+1/n_2)}}$$

이고, 대립가설에 따른 기각역은 다음과 같다.

대립가설	유의수준 α인 기각역
① $H_1 : p_1 > p_2$	$Z_0 \geq z_\alpha$
② $H_1 : p_1 < p_2$	$Z_0 \leq -z_\alpha$
③ $H_1 : p_1 \neq p_2$	$\lvert Z_0 \rvert \geq z_{\alpha/2}$

예 9.3.1 대통령 선거를 앞두고 K후보 진영에서 A, B 두 지역의 유권자를 대상으로 여론조사를 실시한 결과는 다음과 같다.

구분	응답자수	지지자수
A지역	200	96
B지역	160	64

(1) 두 지역 간 K후보 지지율의 차이에 대한 95% 신뢰구간을 구하여라.

(2) 두 지역 간 K후보 지지율의 차이가 있다고 할 수 있는지 유의수준 5% 에서 검정하여라.

•풀이• 두 지역의 표본비율은 다음과 같다.

$$\text{A지역: } \hat{p}_1 = \frac{96}{200} = 0.48, \quad \text{B지역: } \hat{p}_2 = \frac{64}{160} = 0.4$$

(1) 95% 신뢰구간

$$p_1 - p_2 = (\hat{p}_1 - \hat{p}_2) \pm z_{\alpha/2}\sqrt{\frac{\hat{p}_1(1-\hat{p}_1)}{n_1} + \frac{\hat{p}_2(1-\hat{p}_2)}{n_1}}$$

$$= (0.48 - 0.4) \pm 1.96 \times \sqrt{\frac{0.48 \times 0.52}{200} + \frac{0.4 \times 0.6}{160}}$$

$$= 0.08 \pm 0.103 = (-0.023,\ 0.183)$$

(2) 가설검정

$$\text{공통 표본비율: } \hat{p} = \frac{96+64}{200+160} = \frac{160}{360} = 0.444$$

① 가설 $H_0 : p_1 = p_2$, $H_1 : p_1 \neq p_2$

② 유의수준: $\alpha = 0.05$

③ 검정통계량의 관측 값

$$z_0 = \frac{0.48 - 0.4}{\sqrt{0.444 \times 0.556(1/200 + 1/160)}} = 1.518$$

④ 기각역: $|Z_0| \geq z_{0.025} = 1.96$

⑤ 판정: 검정통계량의 관측 값이 기각역에 속하지 않으므로 H_0를 기각하지 않는다. 즉, 두 지역 간 K후보 지지율의 차이가 있다고 할 수 없다.

9.4 쌍체 비교(대응 비교)

지금까지 서로 독립인 두 모집단에서 추출된 표본으로부터 두 모평균의 차에 대한 추정과 검정을 다루었다. 그러나 실제로 두 실험결과를 비교하고자 할 때는 동일한 개체를 대상으로 두 가지 실험을 실시하여 그 처리효과의 차이를 추론하게 되는 경우가 많이 있다.

예를 들어, 어느 제약회사에서 다이어트를 위한 약을 개발하여 이 약이 다이어트에 효과가 있는지 알아보기 위한 실험을 하려고 한다. 이를 위해 약을 복용하기 전과 일정기간 복용 후의 체중을 비교하여야 한다. 그런데 두 개의 그룹으로 나누어 한 그룹에는 약 복용 전에 체중을 측정하고 다른 그룹에는 약 복용 후에 체중을 측정하게 되면 다이어트 효과를 추론할 수 없다. 따라서 임의로 선정된 동일한 사람의 약 복용 전 체중 X와 복용 후 체중 Y를 측정하여야 하며, 이 경우 모집단은 이변량 확률변수 (X, Y)로 나타낼 수 있다. 이제 $E(X) = \mu_1$, $E(Y) = \mu_2$일 때

$$D = X - Y$$

로 놓으면 $E(D) = \mu_1 - \mu_2$이므로 $D = X - Y$를 하나의 모집단으로 간주하고 평균을 추정 또는 검정하면 된다. 이와 같은 방법을 **쌍체 비교**(paired comparison) 또는 **대응 비교**(matched comparison)라고 한다. 여기서 유의할 점은 X와 Y가 독립이 아니라는 사실이다.

이제, 이변량 확률분포를 따르는 모집단에서 추출된 크기 n인 랜덤표본은

$$(X_1, Y_1),\ (X_2, Y_2),\ \cdots,\ (X_n, Y_n)$$

으로 표현되는데, 쌍체 비교를 위하여 자료구조를 다음과 같이 나타낸다.

처리 1 (X)	X_1	X_2	$\cdots$	X_n
처리 2 (Y)	Y_1	Y_2	$\cdots$	Y_n
차이 $(D = X - Y)$	D_1	D_2	$\cdots$	D_n

여기에서 D의 표본평균과 표본분산을 구하면 다음과 같다.

$$\overline{D} = \frac{D_1 + D_2 + \cdots + D_n}{n}$$

$$S_D^2 = \frac{(D_1 - \overline{D})^2 + (D_2 - \overline{D})^2 + \cdots + (D_n - \overline{D})^2}{n-1}$$

(1) 100(1−α)% 신뢰구간

㉮ D가 정규분포를 따르고 소표본인 경우:

$$\mu_1 - \mu_2 = \overline{D} \pm t_{\alpha/2}(n-1)\frac{S_D}{\sqrt{n}}$$

㉯ 대표본인 경우:

$$\mu_1 - \mu_2 = \overline{D} \pm z_{\alpha/2}\frac{S_D}{\sqrt{n}}$$

(2) 가설검정: 귀무가설 $H_0 : \mu_1 = \mu_2$에 대하여

㉮ D가 정규분포를 따르고 소표본인 경우: 검정통계량 $T_0 = \dfrac{\overline{D}}{S_D / \sqrt{n}}$

대립가설	유의수준 α인 기각역
① $H_1 : \mu_1 > \mu_2$	$T_0 \geq t_\alpha(n-1)$
② $H_1 : \mu_1 < \mu_2$	$T_0 \leq -t_\alpha(n-1)$
③ $H_1 : \mu_1 \neq \mu_2$	$\lvert T_0 \rvert \geq t_{\alpha/2}(n-1)$

㉯ 대표본인 경우: 검정통계량 $Z_0 = \dfrac{\overline{D}}{S_D / \sqrt{n}}$

대립가설	유의수준 α인 기각역
① $H_1 : \mu_1 > \mu_2$	$Z_0 \geq z_\alpha$
② $H_1 : \mu_1 < \mu_2$	$Z_0 \leq -z_\alpha$
③ $H_1 : \mu_1 \neq \mu_2$	$\lvert Z_0 \rvert \geq z_{\alpha/2}$

참고▸▸▸

모집단이 $(X, Y) \sim BN(\mu_1, \mu_2, \sigma_1^2, \sigma_2^2, \rho)$일 때, 예 5.1.2에 의하여 $X \sim N(\mu_1, \sigma_1^2)$, $Y \sim N(\mu_2, \sigma_2^2)$이다. 여기에서

$$D = X - Y \sim N(\mu_1 - \mu_2, \sigma_1^2 + \sigma_2^2 - 2\rho\sigma_1\sigma_2)$$

으로 알려져 있다.

예 9.4.1 어느 제약회사에서 다이어트를 위한 약을 개발하여 이 약이 다이어트에 효과가 있는지 알아보기 위한 실험을 하려고 한다. 약 복용 전 체중(X)과 일정기간 복용 후 체중(Y)은 이변량 정규분포를 따르는 것으로 알려져 있으며, 10명을 랜덤추출하여 약 복용 전 체중과 일정기간 복용 후의 체중을 측정한 결과는 다음과 같다고 하자.

복용 전 (x)	68	75	83	55	90	65	80	86	92	78
복용 후 (y)	61	77	79	56	85	65	74	81	84	80
차이 ($d = x - y$)	7	−2	4	−1	5	0	6	5	8	−2

(1) 약 복용 후 감소된 체중의 평균에 대한 95% 신뢰구간을 구하여라.

(2) 약이 다이어트에 효과가 있다고 할 수 있는지 유의수준 5%에서 검정하여라.

•풀이• $E(X) = \mu_1$, $E(Y) = \mu_2$라 놓자. 먼저, $D = X - Y$의 표본평균과 표본분산을 구하면 다음과 같다.

$$\bar{d} = 3, \ s_D^2 = \frac{134}{9} = 14.889, \ s_D = 3.859$$

(1) $\mu_1 - \mu_2$의 95% 신뢰구간

$$\mu_1 - \mu_2 = \bar{d} \pm t_{0.025}(9)\frac{s_D}{\sqrt{n}} = 3 \pm 2.262 \times \frac{3.859}{\sqrt{10}}$$
$$= 3 \pm 2.760 = (1.240, 5.760)$$

(2) 가설검정

① 가설 $H_0 : \mu_1 = \mu_2$, $H_1 : \mu_1 > \mu_2$

② 유의수준: $\alpha = 0.05$

③ 검정통계량의 관측 값 $t_0 = \dfrac{\bar{d}}{s_D/\sqrt{n}} = \dfrac{3}{3.859/\sqrt{10}} = 2.458$

④ 기각역: $T_0 \geq t_{0.05}(9) = 1.833$

⑤ 판정: 검정통계량의 관측 값이 기각역에 속하므로 H_0를 기각한다.
즉, 약이 다이어트에 효과가 있다고 할 수 있다.

9.5 두 정규모집단의 모분산 비교

두 정규모집단의 모분산 비교에 사용되는 F-분포에 대하여 간단히 다루어 보자.

정의 9.5.1

n_1, n_2가 양의 정수일 때, 확률변수 X의 확률밀도함수 $f(x)$가

$$f(x) = c_{n_1,\, n_2} x^{\frac{n_1}{2}-1}\left(1+\frac{n_1}{n_2}x\right)^{-\frac{n_1+n_2}{2}},\quad x>0$$

이면, X는 자유도(degree of freedom) n_1, n_2인 ***F*-분포**를 따른다 하고 $X \sim F(n_1, n_2)$으로 나타낸다. 여기에서, $c_{n_1,\, n_2}$은 $\int_0^\infty f(x)\,dx = 1$을 만족하는 상수이다.

F분포 확률밀도함수의 그래프는 χ^2-분포와 유사하다. $X \sim F(n_1, n_2)$일 때 $P(X \geq x) = \alpha$를 만족하는 x를 $f_\alpha(n_1, n_2)$으로 나타내면, $P(X \leq y) = \alpha$를 만족하는 y는 $f_{1-\alpha}(n_1, n_2)$가 된다.

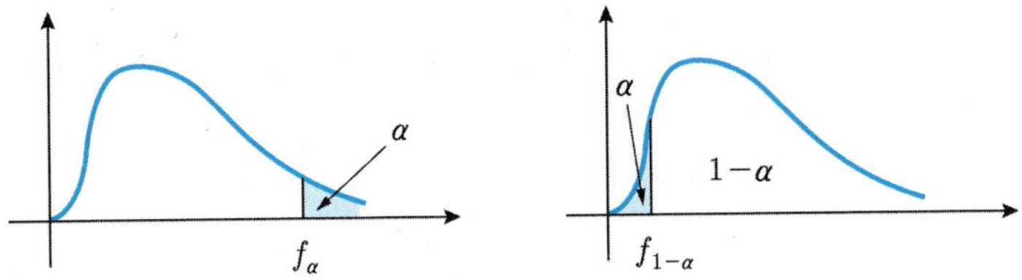

[그림 9.1]

정리 9.5.2

$V_1 \sim \chi^2(n_1)$, $V_2 \sim \chi^2(n_2)$이고 V_1과 V_2가 서로 독립이면 다음이 성립한다.

$$\frac{V_1/n_1}{V_2/n_2} \sim F(n_1,\ n_2)$$

위 정리에 근거하여 n_1은 분자의 자유도, n_2는 분모의 자유도라 부른다. 또한

$$\frac{V_2/n_2}{V_1/n_1} \sim F(n_2,\ n_1)$$

이 성립하므로, $X \sim F(n_1,\ n_2)$이면 $\frac{1}{X} \sim F(n_2,\ n_1)$이 성립함을 알 수 있다. 이 성질을 이용하면

$$f_{1-\alpha}(n_1,\ n_2) = \frac{1}{f_\alpha(n_2,\ n_1)}$$

을 얻는다.

이제, 9.1절에서와 같이 서로 독립인 두 정규모집단 $N(\mu_1,\ \sigma_1^2)$, $N(\mu_2,\ \sigma_2^2)$에서의 랜덤 표본 $X_1,\ X_2,\ \cdots,\ X_{n_1}$와 $Y_1,\ Y_2,\ \cdots,\ Y_{n_2}$에 대하여 정리 7.3.4를 적용하면

$$V_1 = \frac{(n_1-1)S_1^2}{\sigma_1^2} \sim \chi^2(n_1-1), \quad V_2 = \frac{(n_2-1)S_2^2}{\sigma_2^2} \sim \chi^2(n_2-1)$$

이다. 여기에서 V_1과 V_2는 서로 독립이므로 정리 9.5.2에 의하여

$$\frac{V_1/(n_1-1)}{V_2/(n_2-1)}=\frac{S_1^2/\sigma_1^2}{S_2^2/\sigma_2^2}\sim F(n_1-1,\ n_2-1)$$

이 성립한다.

정리 9.5.3

서로 독립인 두 정규모집단 $N(\mu_1,\ \sigma_1^2)$, $N(\mu_2,\ \sigma_2^2)$에서의 표본분산 S_1^2과 S_2^2에 대하여 다음이 성립한다.

$$\frac{S_1^2/\sigma_1^2}{S_2^2/\sigma_2^2}=\frac{S_1^2/S_2^2}{\sigma_1^2/\sigma_2^2}\sim F(n_1-1,\ n_2-1)$$

이 정리를 사용하여 두 모분산의 비 $\dfrac{\sigma_1^2}{\sigma_2^2}$에 대한 구간추정과 가설검정을 한다.

(1) 100(1−α)% 신뢰구간

$$P\left[f_{1-\alpha/2}(n_1-1,\ n_2-1)<\frac{S_1^2/S_2^2}{\sigma_1^2/\sigma_2^2}<f_{\alpha/2}(n_1-1,\ n_2-1)\right]=1-\alpha$$

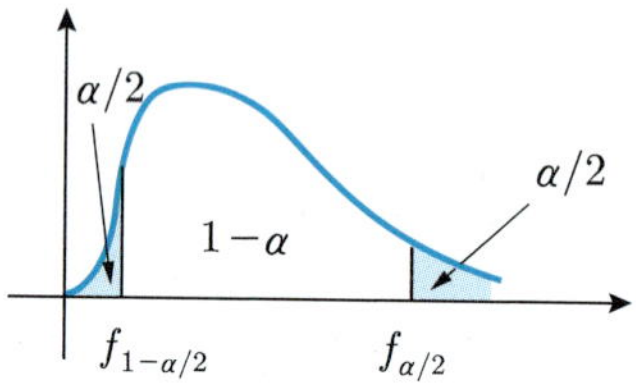

[그림 9.2]

위 식은

$$P\left[\frac{S_1^2}{S_2^2}\times\frac{1}{f_{\alpha/2}(n_1-1,\ n_2-1)}<\frac{\sigma_1^2}{\sigma_2^2}<\frac{S_1^2}{S_2^2}\times\frac{1}{f_{1-\alpha/2}(n_1-1,\ n_2-1)}\right]=1-\alpha$$

와 동치이므로 $\dfrac{\sigma_1^2}{\sigma_2^2}$에 대한 $100(1-\alpha)\%$ 신뢰구간은 다음과 같다.

$$\left(\frac{S_1^2}{S_2^2}\times\frac{1}{f_{\alpha/2}(n_1-1,\ n_2-1)},\ \frac{S_1}{S_2^2}\times\frac{1}{f_{1-\alpha/2}(n_1-1,\ n_2-1)}\right)$$

여기에서,

$$f_{1-\alpha/2}(n_1-1,\ n_2-1)=\frac{1}{f_{\alpha/2}(n_2-1,\ n_1-1)}$$

이므로 $\dfrac{\sigma_1^2}{\sigma_2^2}$에 대한 $100(1-\alpha)\%$ 신뢰구간은 다음과 같다.

$$\left(\frac{S_1^2}{S_2^2}\times\frac{1}{f_{\alpha/2}(n_1-1,\ n_2-1)},\ \frac{S_1^2}{S_2^2}\times f_{\alpha/2}(n_2-1,\ n_1-1)\right)$$

(2) 가설검정

귀무가설 $H_0:\sigma_1^2=\sigma_2^2$ (또는 $\dfrac{\sigma_1^2}{\sigma_2^2}=1$)에 대하여

$$\text{검정통계량 } F_0=\frac{S_1^2}{S_2^2}$$

대립가설	유의수준 α인 기각역
① $H_1:\sigma_1^2>\sigma_2^2$ (또는 $\dfrac{\sigma_1^2}{\sigma_2^2}>1$)	$F_0\ge f_\alpha(n_1-1,\ n_2-1)$
② $H_1:\sigma_1^2<\sigma_2^2$ (또는 $\dfrac{\sigma_1^2}{\sigma_2^2}<1$)	$F_0\le\dfrac{1}{f_\alpha(n_2-1,\ n_1-1)}$
③ $H_1:\sigma_1^2\neq\sigma_2^2$ (또는 $\dfrac{\sigma_1^2}{\sigma_2^2}\neq1$)	$F_0\ge f_{\alpha/2}(n_1-1,\ n_2-1)$ 또는 $F_0\le\dfrac{1}{f_{\alpha/2}(n_2-1,\ n_1-1)}$

예 9.1.3에서 우유 생산량이 정규분포를 따르고 사료 간의 분산은 동일한 것으로 가정하고 우유 생산량 평균의 차이에 대한 추정과 검정을 수행하였다. 다음 예에서 이런 가정의 합리성에 대한 추정과 검정을 수행해보자.

예 9.5.1 예 9.1.3에서 사료 1, 사료 2에 대한 우유 생산량이 각각 정규분포 $N(\mu_1, \sigma_1^2)$, $N(\mu_2, \sigma_2^2)$을 따른다고 가정하고 다음을 구하여라.

(1) 모 분산 비 $\dfrac{\sigma_1^2}{\sigma_2^2}$에 대한 95% 신뢰구간

(2) 두 모 분산이 동일하다고 할 수 있는지 유의수준 5%에서 검정

•풀이• 예 9.1.3에서 계산된 자료는 다음과 같다.

$$n_1 = 13,\ s_1^2 = 37.5,\ n_2 = 14,\ s_2^2 = 40.769$$

(1) 부록 [표 6]에 의하여 $f_{0.025}(12,\ 13) = 3.15$이므로

$$\frac{1}{f_{0.025}(12, 13)} = \frac{1}{3.15} = 0.317$$

이다. 그러나 부록 [표 6]에 $f_{0.025}(13,\ 12)$은 없고 $f_{0.025}(12,\ 12) = 3.28$, $f_{0.025}(15,\ 12) = 3.18$이므로 보간법에 의하여 계산하면

$$f_{0.025}(13,\ 12) \fallingdotseq 3.25$$

이다. 따라서 $\dfrac{\sigma_1^2}{\sigma_2^2}$의 95% 신뢰구간은 다음과 같다.

$$\begin{aligned}
&\left(\frac{s_1^2}{s_2^2}\frac{1}{f_{0.025}(12,\ 13)},\ \frac{s_1^2}{s_2^2}f_{0.025}(13,\ 12)\right) \\
&= \left(\frac{37.5}{40.769}\times 0.317,\ \frac{37.5}{40.769}\times 3.25\right) \\
&= (0.292,\ 2.989)
\end{aligned}$$

(2) 가설검정

① 가설 $H_0 : \sigma_1^2 = \sigma_2^2$, $H_1 : \sigma_1^2 \neq \sigma_2^2$

② 유의수준: $\alpha = 0.05$

③ 검정통계량의 관측 값: $f_0 = \dfrac{s_1^2}{s_2^2} = \dfrac{37.5}{40.769} = 0.9198$

④ 기각역: $F_0 \geq f_{0.025}(12, 13) = 3.15$ 또는

$$F_0 \le \frac{1}{f_{0.025}(13,12)} = \frac{1}{3.25} = 0.308,$$

⑤ 판정: 검정통계량이 기각역에 속하지 않으므로 H_0를 기각하지 않는다. 즉, 두 모분산이 동일하다고 할 수 있다.

9.6 엑셀을 활용한 두 모집단의 비교

1) 데이터 분석을 이용한 가설검정

데이터 → 데이터 분석을 선택하면 두 모집단의 비교에 대한 모든 가설검정을 수행할 수 있다. 예제를 통하여 자세히 설명하기로 한다.

예 9.6.1 예 9.1.3의 자료가 분산이 각각 36, 45인 두 정규모집단에서 추출된 자료인 것으로 가정하고, 가설 $H_0 : \mu_1 = \mu_2$을 검정하자.

(1) 자료를 하나의 열(또는 행)에 입력하고 데이터 분석 → z-검정: 평균에 대한 두 집단을 선택하고 다음 그림과 같이 필요한 사항을 입력한다.

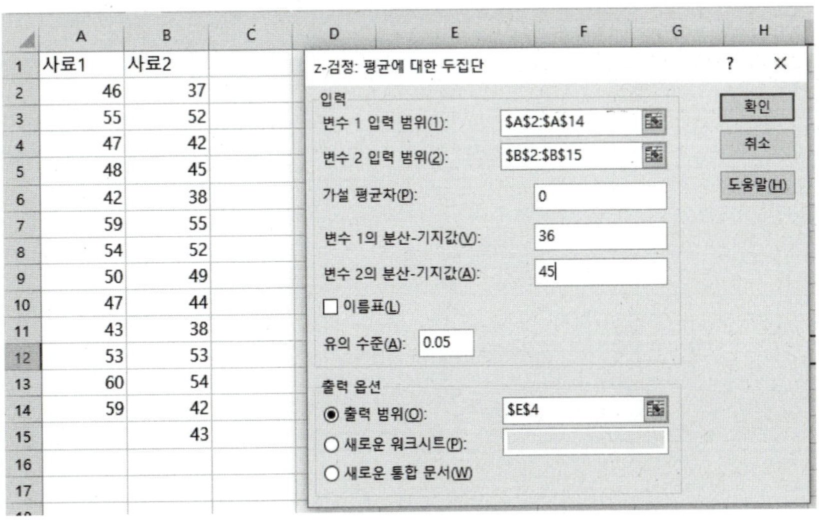

(2) 확인을 누르면 다음과 같은 결과가 출력된다.

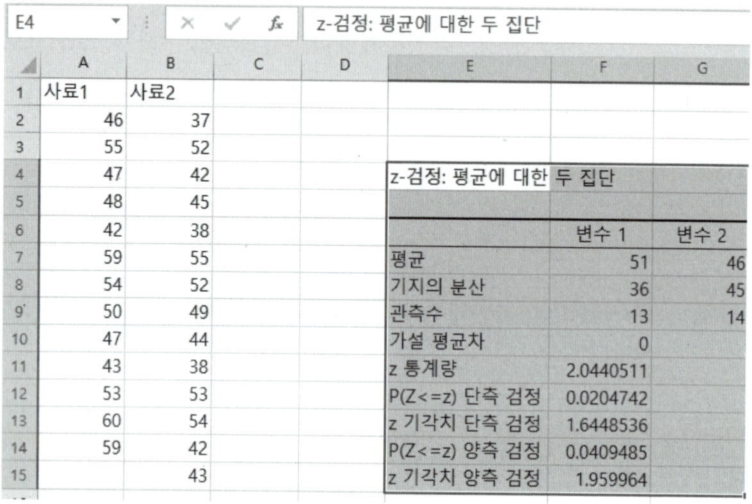

예 9.6.2 예 9.1.3의 자료가 분산은 같지만 미지인 두 정규모집단에서 추출된 자료인 것으로 가정하고, 가설 $H_0 : \mu_1 = \mu_2$ 을 검정하자.

(1) 자료를 하나의 열(또는 행)에 입력하고 데이터 분석 → t-검정: 등분산 가정 두 집단을 선택하고 다음 그림과 같이 필요한 사항을 입력한다.

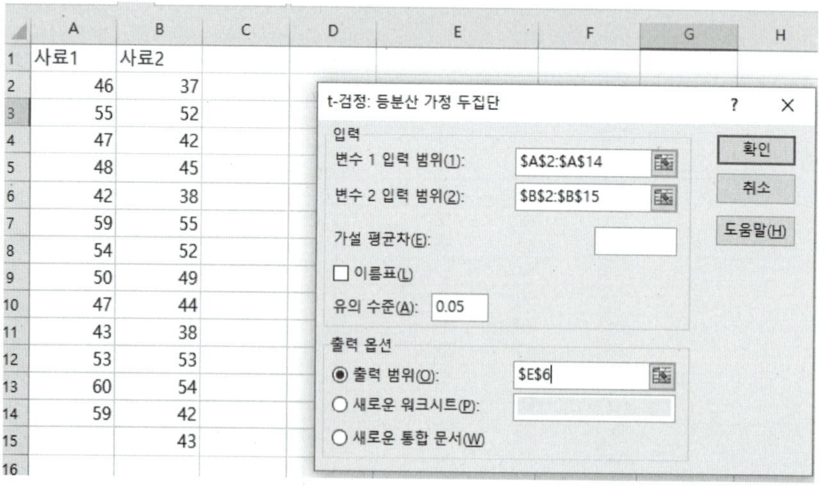

(2) 확인을 누르면 다음과 같은 결과가 출력된다.

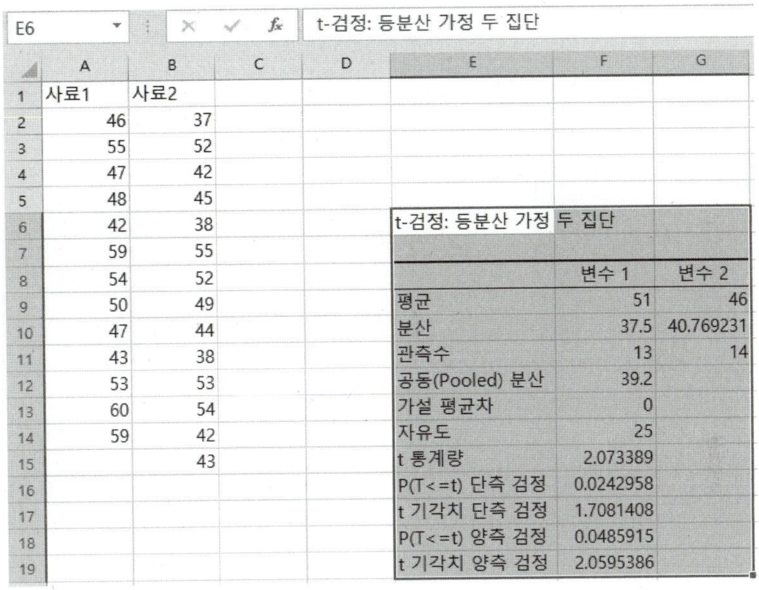

예 9.6.3 예 9.1.3의 자료가 분산이 다르고 미지인 두 정규모집단에서 추출된 자료인 것으로 가정하고, 가설 $H_0 : \mu_1 - \mu_2 = 1$을 검정하자.

(1) 자료를 하나의 열(또는 행)에 입력하고 데이터 분석 → t-검정: 이분산 가정 두 집단을 선택하고 다음 그림과 같이 필요한 사항을 입력한다.

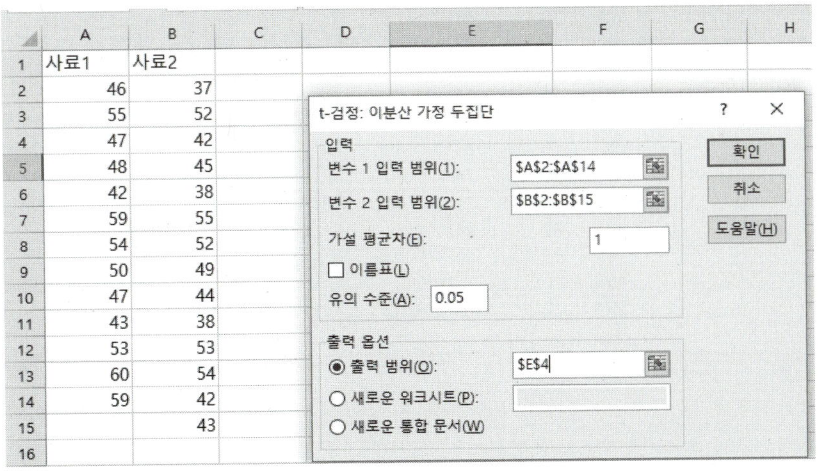

〈주의〉 가설 평균 차에 1을 입력하여야 한다.

(2) 확인을 누르면 다음과 같은 결과가 출력된다.

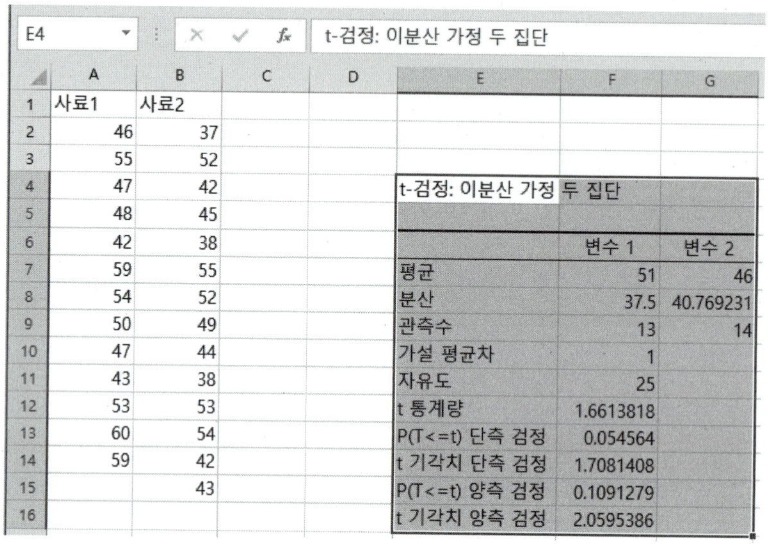
E4 | t-검정: 이분산 가정 두 집단

	A	B	C	D	E	F	G
1	사료1	사료2					
2	46	37					
3	55	52					
4	47	42			t-검정: 이분산 가정 두 집단		
5	48	45					
6	42	38				변수 1	변수 2
7	59	55			평균	51	46
8	54	52			분산	37.5	40.769231
9	50	49			관측수	13	14
10	47	44			가설 평균차	1	
11	43	38			자유도	25	
12	53	53			t 통계량	1.6613818	
13	60	54			P(T<=t) 단측 검정	0.054564	
14	59	42			t 기각치 단측 검정	1.7081408	
15		43			P(T<=t) 양측 검정	0.1091279	
16					t 기각치 양측 검정	2.0595386	

예 9.6.4 예 9.4.1의 자료에서 가설 $H_0 : \mu_1 = \mu_2$ 을 검정하자.

(1) 자료를 하나의 열(또는 행)에 입력하고 데이터 분석 → t-검정: 쌍체비교를 선택하고 다음 그림과 같이 필요한 사항을 입력한다.

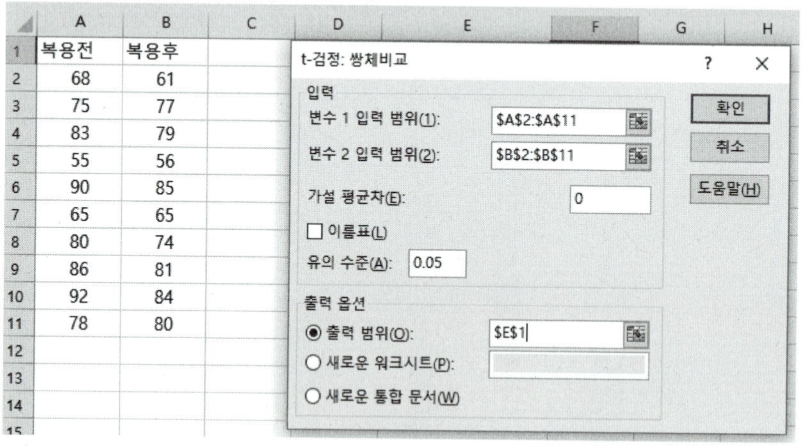

(2) 확인을 누르면 다음과 같은 결과가 출력된다.

1	복용전	복용후			t-검정: 쌍체 비교		
2	68	61					
3	75	77				변수 1	변수 2
4	83	79			평균	77.2	74.2
5	55	56			분산	137.0667	101.5111
6	90	85			관측수	10	10
7	65	65			피어슨 상관 계수	0.948182	
8	80	74			가설 평균차	0	
9	86	81			자유도	9	
10	92	84			t 통계량	2.458613	
11	78	80			P(T<=t) 단측 검정	0.018121	
12					t 기각치 단측 검정	1.833113	
13					P(T<=t) 양측 검정	0.036241	
14					t 기각치 양측 검정	2.262157	

여기에서, 피어슨 상관계수는 표본상관계수라고 부르며 모상관계수의 점추정 값을 의미한다. 모상관계수가 ρ인 이변량 확률분포를 따르는 모집단에서 추출된 크기 n인 랜덤표본 자료가

$$(x_1,\ y_1),\ (x_2,\ y_2),\ \cdots,\ (x_n,\ y_n)$$

일 때,

$$S_{xx} = \sum_{i=1}^{n}(x_i - \overline{x})^2 = \sum_{i=1}^{n} x_i^2 - n\overline{x}^2$$

$$S_{yy} = \sum_{i=1}^{n}(y_i - \overline{y})^2 = \sum_{i=1}^{n} y_i^2 - n\overline{y}^2$$

$$S_{xy} = \sum_{i=1}^{n}(x_i - \overline{x})(y_i - \overline{y}) = \sum_{i=1}^{n} x_i y_i - n\overline{x}\,\overline{y}$$

로 놓으면, 표본상관계수 r은 다음과 같이 정의된다.

$$r = \frac{S_{xy}}{\sqrt{S_{xx}S_{yy}}}$$

예 9.6.5 예 9.1.3의 자료가 분산이 미지인 두 정규모집단에서 추출된 자료인 것으로 가정하고, 가설 $H_0 : \sigma_1^2 = \sigma_2^2$을 검정하자.

(1) 자료를 하나의 열(또는 행)에 입력하고 데이터 분석 → F-검정: 분산에 대한 두 집단을 선택하고 다음 그림과 같이 필요한 사항을 입력한다.

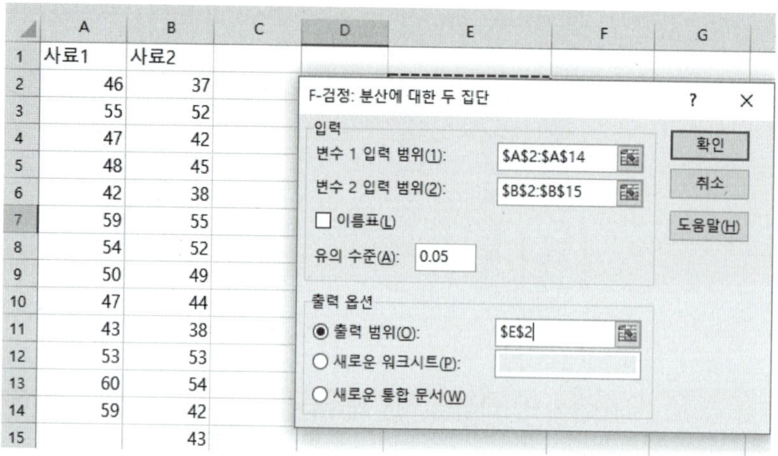

(2) 확인을 누르면 다음과 같은 결과가 출력된다.

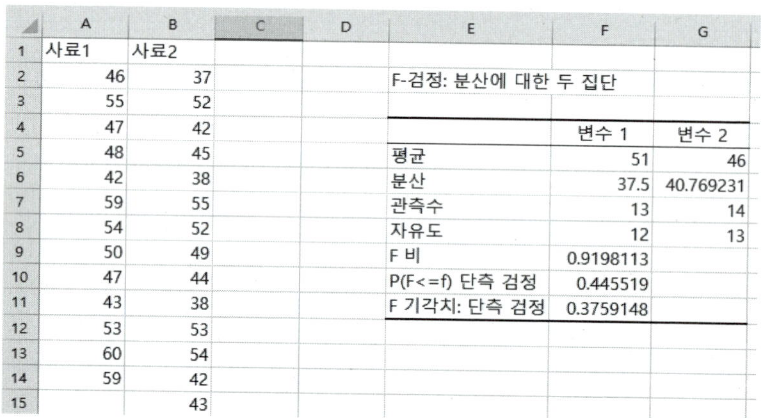

	A	B	C	D	E	F	G
1	사료1	사료2					
2	46	37			F-검정: 분산에 대한 두 집단		
3	55	52					
4	47	42				변수 1	변수 2
5	48	45			평균	51	46
6	42	38			분산	37.5	40.769231
7	59	55			관측수	13	14
8	54	52			자유도	12	13
9	50	49			F 비	0.9198113	
10	47	44			P(F<=f) 단측 검정	0.445519	
11	43	38			F 기각치: 단측 검정	0.3759148	
12	53	53					
13	60	54					
14	59	42					
15		43					

2) 통계함수를 이용한 가설검정

수식 → 함수 더 보기 → 통계를 선택하여 들어가면 z.TEST, T.TEST, F.TEST가 나온다. 이 중에서 z.TEST는 하나의 정규모집단의 평균에 대한 검정의 p-값을 제공하는 함수이고 T.TEST와 F.TEST가 두 모집단의 비교에 관한 p-값을 제공한다.

예 9.6.6 예 9.1.3의 자료가 두 정규모집단에서 추출된 자료인 것으로 가정하고, 가설 $H_0 : \mu_1 = \mu_2$ 을 검정하자.

(1) 분산이 같다고 가정할 때 $H_0 : \mu_1 = \mu_2$, $H_1 : \mu_1 > \mu_2$ 의 p-값

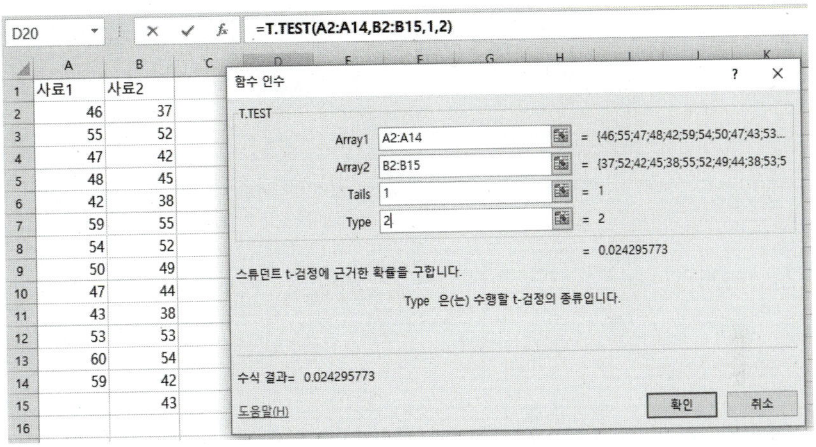

(2) 분산이 다르다고 가정할 때 $H_0 : \mu_1 = \mu_2$, $H_1 : \mu_1 \neq \mu_2$ 의 p-값

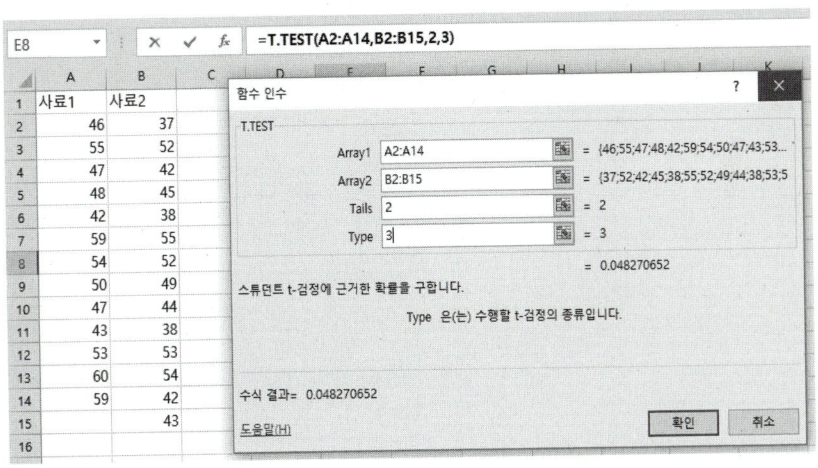

참고▸▸▸

T.TEST를 선택하여 도움말을 클릭하면 다음과 같은 안내문이 나온다.

Tails: 단측이면 1, 양측이면 2

Type: 쌍 1, 분산이 같은 두 표본 2, 분산이 다른 두 표본 3

예 9.6.7 예 9.4.1의 자료에서 가설 $H_0 : \mu_1 = \mu_2$, $H_1 : \mu_1 > \mu_2$ 의 p-값

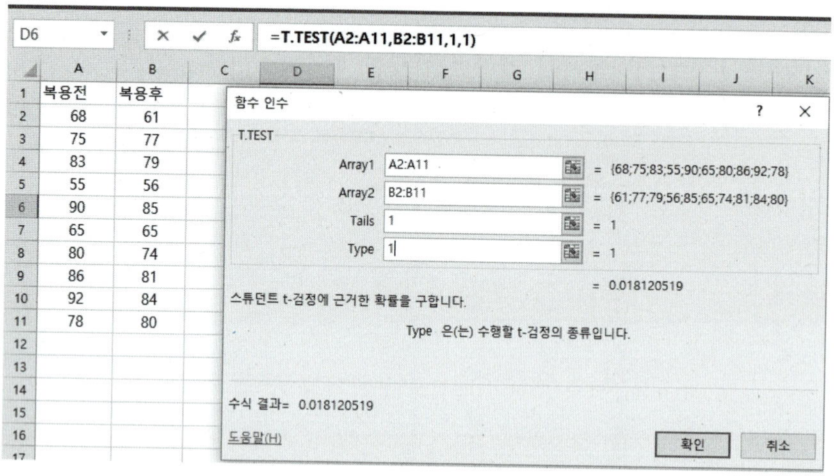

예 9.6.8 예 9.1.3의 자료가 분산이 미지인 두 정규모집단에서 추출된 자료인 것으로 가정하고, 가설 $H_0 : \sigma_1^2 = \sigma_2^2$, $H_0 : \sigma_1^2 \neq \sigma_2^2$ 의 p-값

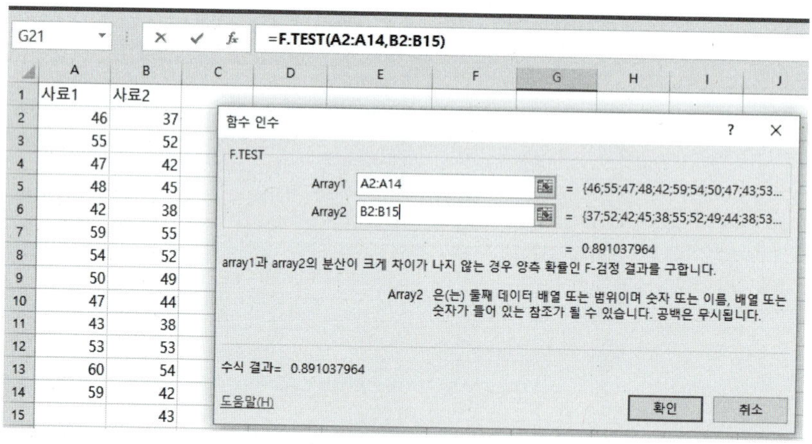

연습문제

1. 전구를 생산하는 A회사는 B회사에서 생산하는 전구보다 평균 수명이 100시간 이상 길다고 선전하고 있다. B회사는 A회사 선전이 과장되었다고 반박하고 있다. 공정거래위원회에서 이를 확인하기 위하여 두 회사제품을 각각 100개씩 표본을 추출하여 얻은 결과가 다음과 같다고 하자.

A회사: 평균 1335시간, 표준편차 125시간
B회사: 평균 1200시간, 표준편차 115시간

(1) 두 회사에서 생산하는 전구의 평균 수명의 차이에 대한 99% 신뢰구간을 구하여라.
(2) A회사의 주장이 옳다고 할 수 있는지 유의수준 1%에서 검정하고 및 p-값을 구하여라.
(3) 위에서 주어진 표본의 크기와 표준편차는 동일하게 가정할 때, A회사 주장이 99% 신뢰수준에서 옳다고 판정하기 위해서 필요한 표본평균 차이는 몇 시간 이상인가?

2. 커피자판기 제조회사는 각 자판기에서 나오는 커피의 양이 평균과 표준편차가 동일한 정규분포를 따르도록 설계하여 자판기를 생산하고 있다. 이 회사 자판기 2대를 구입한 업소에서 각 자판기로부터 나오는 양에 차이가 있다는 항의가 들어와서, 이를 확인하기 위하여 어느 날 10잔씩 표본을 추출하여 얻는 결과가 다음과 같다.

구분	커피 양(단위: ml)
자판기1	45, 53, 46, 45, 52, 51, 45, 44, 53, 46
자판기2	54, 46, 45, 57, 53, 49, 48, 56, 55, 47

(1) 두 자판기에서 나오는 커피 양의 평균 차이에 대한 95% 신뢰구간을 구하여라.
(2) 두 자판기에서 나오는 커피 양의 평균에 차이가 있다고 할 수 있는지 유의수준 5%에서 검정하고 및 엑셀을 이용하여 p-값을 구하여라.

3. 자동차 연료첨가제를 생산하는 어느 회사는 연료첨가제가 자동차의 주행거리를 0.5 km/l 이상 향상시킨다고 선전하고 있다. 회사의 주장을 확인하기 위하여 10대의 차량을 선정하여 첨가제 사용 전과 사용 후 각각 한 달씩 시험 운전하여 평균 주행거리를 측정한 결과는 다음과 같다.

자동차	1	2	3	4	5	6	7	8	9	10
사용 전	16	18	20	15	15	19	18	16	15	18
사용 후	15	20	22	16	17	20	19	15	16	20

정규분포를 가정하고 다음을 구하여라.

(1) 연료첨가제 사용 전과 사용 후의 평균 주행거리 차이에 대한 95% 신뢰구간

(2) 연료첨가제가 연비에 효과가 있다는 회사의 주장을 95%신뢰수준에서 검정 및 엑셀을 이용한 p-값

4. 어느 공장에서 두 대의 기계 A, B에 의하여 제품을 생산하고 있다. 처음 기계를 구입할 당시 기계 A가 기계 B보다 불량률이 적어서 전체 생산량의 60%를 기계 A에 의하여 제품을 생산하고 있다. 시간이 지나면서 제품을 구입한 고객이 신청한 AS현황을 분석한 결과 두 기계의 불량률에 대한 조사의 필요성이 제기되었고, 표본조사를 실시한 결과는 다음과 같다고 한다.

기계 A: 표본크기 150, 불량품 6개

기계 B: 표본크기 100, 불량품 7개

(1) 두 기계의 불량률 차이에 대한 95% 신뢰구간을 구하여라.

(2) 지금도 기계 A의 불량률이 기계 B의 불량률보다 적다고 할 수 있는지 유의수준 5%에서 검정하고 및 엑셀을 이용하여 p-값을 구하여라.

5. 위 문제 2의 자료에 대하여 다음을 구하여라.

(1) 두 자판기에서 나오는 커피 양의 분산의 비에 대한 95% 신뢰구간

(2) 두 자판기에서 나오는 커피 양의 분산에 차이가 있다고 할 수 있는지 유의수준 5%에서 검정

부록

[표 1] 이항분포표

$$P(X=x)=\binom{n}{x}p^x(1-p)^{n-x}$$

n	x	p										
		.05	.10	.20	.30	.40	.50	.60	.70	.80	.90	.95
2	0	.903	.810	.640	.490	.360	.250	.160	.090	.040	.010	.003
	1	.095	.180	.320	.420	.480	.500	.480	.420	.320	.180	.095
	2	.003	.010	.040	.090	.160	.250	.360	.490	.640	.810	.903
3	0	.857	.729	.512	.343	.216	.125	.064	.027	.008	.001	.000
	1	.135	.243	.384	.441	.432	.375	.288	.189	.096	.027	.007
	2	.007	.027	.096	.189	.288	.375	.432	.441	.384	.243	.135
	3	.000	.001	.008	.027	.064	.125	.216	.343	.512	.729	.857
4	0	.815	.656	.410	.240	.130	.063	.026	.008	.002	.000	
	1	.171	.292	.410	.412	.346	.250	.154	.076	.026	.004	.000
	2	.014	.049	.154	.265	.346	.375	.346	.265	.154	.049	.014
	3	.000	.004	.026	.076	.154	.250	.346	.412	.410	.292	.171
	4		.000	.002	.008	.026	.063	.130	.240	.410	.656	.815
5	0	.774	.590	.328	.168	.078	.031	.010	.002	.000		
	1	.204	.328	.410	.360	.259	.156	.077	.028	.006	.000	.000
	2	.021	.073	.205	.309	.346	.313	.230	.132	.051	.008	.001
	3	.001	.008	.051	.132	.230	.313	.346	.309	.205	.073	.021
	4	.000	.000	.006	.028	.077	.156	.259	.360	.410	.328	.204
	5			.000	.002	.010	.031	.078	.168	.328	.590	.774
6	0	.735	.531	.262	.118	.047	.016	.004	.001	.000		
	1	.232	.354	.393	.303	.187	.094	.037	.010	.002	.000	
	2	.031	.098	.246	.324	.311	.234	.138	.060	.015	.001	.000
	3	.002	.015	.082	.185	.276	.313	.276	.185	.082	.015	.002
	4	.000	.001	.015	.060	.138	.234	.311	.324	.246	.098	.031
	5		.000	.002	.010	.037	.094	.187	.303	.393	.354	.232
	6			.000	.001	.004	.016	.047	.118	.262	.531	.735
7	0	.698	.478	.210	.082	.028	.008	.002	.000			
	1	.257	.372	.367	.247	.131	.055	.017	.004	.000		
	2	.041	.124	.275	.318	.261	.164	.077	.025	.004	.000	
	3	.004	.023	.115	.227	.290	.273	.194	.097	.029	.003	.000
	4	.000	.003	.029	.097	.194	.273	.290	.227	.115	.023	.004
	5		.000	.004	.025	.077	.164	.261	.318	.275	.124	.041
	6			.000	.004	.017	.055	.131	.247	.367	.372	.257
	7				.000	.002	.008	.028	.082	.210	.478	.698

n	x	p										
		.05	.10	.20	.30	.40	.50	.60	.70	.80	.90	.95
8	0	.663	.430	.168	.058	.017	.004	.001	.000			
	1	.279	.383	.336	.198	.090	.031	.008	.001	.000		
	2	.051	.149	.294	.296	.209	.109	.041	.010	.001		
	3	.005	.033	.147	.254	.279	.219	.124	.047	.009	.000	
	4	.000	.005	.046	.136	.232	.273	.232	.136	.046	.005	.000
	5		.000	.009	.047	.124	.219	.279	.254	.147	.033	.005
	6			.001	.010	.041	.109	.209	.296	.294	.149	.051
	7			.000	.001	.008	.031	.090	.198	.336	.383	.279
	8				.000	.001	.004	.017	.058	.168	.430	.663
9	0	.630	.387	.134	.040	.010	.002	.000				
	1	.299	.387	.302	.156	.060	.018	.004	.000			
	2	.063	.172	.302	.267	.161	.070	.021	.004	.000		
	3	.008	.045	.176	.267	.251	.164	.074	.021	.003	.000	
	4	.001	.007	.066	.172	.251	.246	.167	.074	.017	.001	.000
	5	.000	.001	.017	.074	.167	.246	.251	.172	.066	.007	.001
	6		.000	.003	.021	.074	.164	.251	.267	.176	.045	.008
	7			.000	.004	.021	.070	.161	.267	.302	.172	.063
	8				.000	.004	.018	.060	.156	.302	.387	.299
	9					.000	.002	.010	.040	.134	.387	.630
10	0	.599	.349	.107	.028	.006	.001	.000				
	1	.315	.387	.268	.121	.040	.010	.002	.000			
	2	.075	.194	.302	.233	.121	.044	.011	.001	.000		
	3	.010	.057	.201	.267	.215	.117	.042	.009	.001		
	4	.001	.011	.088	.200	.251	.205	.111	.037	.006	.000	
	5	.000	.001	.026	.103	.201	.246	.201	.103	.026	.001	.000
	6		.000	.006	.037	.111	.205	.251	.200	.088	.011	.001
	7			.001	.009	.042	.117	.215	.267	.201	.057	.010
	8			.000	.001	.011	.044	.121	.233	.302	.194	.075
	9				.000	.002	.010	.040	.121	.268	.387	.315
	10					.000	.001	.006	.028	.107	.349	.599
11	0	.569	.314	.086	.020	.004	.000	.000				
	1	.329	.384	.236	.093	.027	.005	.001	.000			
	2	.087	.213	.295	.200	.089	.027	.005	.001			
	3	.014	.071	.221	.257	.177	.081	.023	.004	.000		
	4	.001	.016	.111	.220	.236	.161	.070	.017	.002		
	5	.000	.002	.039	.132	.221	.226	.147	.057	.010	.000	
	6		.000	.019	.057	.147	.226	.221	.132	.039	.002	.000
	7			.002	.017	.070	.161	.236	.220	.111	.016	.001
	8			.000	.004	.023	.081	.177	.257	.221	.071	.014
	9				.001	.005	.027	.089	.200	.295	.213	.087
	10				.000	.001	.005	.027	.093	.236	.384	.329
	11					.000	.000	.004	.020	.086	.314	.569

n	x	p .05	.10	.20	.30	.40	.50	.60	.70	.80	.90	.95
12	0	.540	.282	.069	.014	.002	.000					
	1	.341	.377	.206	.071	.017	.003	.000				
	2	.099	.230	.283	.168	.064	.016	.002	.000			
	3	.017	.085	.236	.240	.142	.054	.012	.001	.000		
	4	.002	.021	.133	.231	.213	.121	.042	,008	.001		
	5	.000	.004	.053	.158	.227	.193	.101	.029	.003		
	6		.000	.016	.079	.177	.226	.177	.079	.016	.000	
	7			.003	.029	.101	.193	.227	.158	.053	.004	.000
	8			.001	.008	.042	.121	.213	.231	.133	.021	.002
	9			.000	.001	.012	.054	.142	.240	.236	.085	.017
	10				.000	.002	.016	.064	.168	.283	.230	.099
	11					.000	.003	.017	.071	.206	.377	.341
	12						.000	.002	.014	.069	.282	.540
13	0	.513	.254	,055	.010	.001	.000					
	1	.351	.367	,179	.054	.011	.002	.000				
	2	.111	.245	.268	.139	.045	.010	.001	.000			
	3	.021	.100	.246	.218	.111	.035	.006	.001			
	4	.003	.028	.154	.234	.184	.087	.024	.003	.000		
	5	.000	.006	.069	.180	.221	.157	.066	.014	.001		
	6		.001	.023	.103	.197	.209	.131	.044	.006	.000	
	7		.000	.006	.044	.131	.209	.197	.103	.023	.001	
	8			.001	.014	.066	.157	.221	.180	.069	.006	.000
	9			.000	.003	.024	.087	.184	.234	.154	.028	.003
	10				.001	.006	.035	.111	.218	.246	.100	.021
	11				.000	.001	.010	.045	.139	.268	.245	.111
	12					.000	.002	.011	.054	.179	.367	.351
	13						.000	.001	.010	.055	.254	.513
14	0	.488	.229	,044	.007	.001	.000					
	1	.359	.356	.154	.041	.007	.001	.000				
	2	.123	.257	.250	.113	.032	.006	.001				
	3	.026	.114	.250	.194	.085	.022	.003	.000			
	4	.004	.035	.172	.229	.155	.061	.014	.001			
	5	.000	.008	.086	.196	.207	.122	.041	.007	.000		
	6		.001	.032	.126	.207	.183	.092	.023	.002		
	7		.000	.009	.062	.157	.209	.157	.062	.009	.000	
	8			.002	.023	.092	.183	.207	.126	.032	.001	
	9			.000	.007	.041	.122	.207	.196	.086	.008	.000
	10				.001	.014	.061	.155	.229	.172	.035	.004
	11				.000	.003	.022	.085	.194	.250	.114	.026
	12					.001	.006	.032	.113	.250	.257	.123
	13					.000	.001	.007	.041	.154	.356	.359
	14						.000	.001	,007	.044	.229	.488

n	x	p										
		.05	.10	.20	.30	.40	.50	.60	.70	.80	.90	.95
15	0	.463	.206	.035	.005	.000						
	1	.366	.343	.132	.031	.005	.000					
	2	.135	.267	.231	.092	.022	.003	.000				
	3	.031	.129	.250	.170	.063	.014	.002	.000			
	4	.005	.043	.188	.219	.127	.042	.007	.001	.000		
	5	.001	.010	.103	.206	.186	.092	.024	.003	.000		
	6	.000	.002	.043	.147	.207	.153	.061	.012	.001		
	7		.000	.014	.081	.177	.196	.118	.035	.003		
	8			.003	.035	.118	.153	.177	.081	.014	.000	
	9			.001	.012	.061	.092	.207	.147	.043	.002	.000
	10			.000	.003	.024	.042	.186	.206	.103	.010	.001
	11				.001	.007	.014	.127	.219	.188	.043	.005
	12				.000	.002	.003	.063	.170	.250	.129	.031
	13					.000	.000	.022	.092	.231	.267	.135
	14							.005	.031	.132	.343	.366
	15							.000	.005	.035	.206	.463
16	0	.440	.185	.028	.003	.000						
	1	.371	.329	.113	.023	.003	.000					
	2	.146	.275	.211	.073	.015	.002	.000				
	3	.036	.142	.246	.146	.047	.009	.001				
	4	.006	.051	.200	.204	.101	.028	.004	.000			
	5	.001	.014	.120	.210	.162	.067	.014	.001			
	6	.000	.003	.055	.165	.198	.122	.039	.006	.000		
	7		.000	.020	.101	.189	.175	.084	.019	.001		
	8			.006	.049	.142	.196	.142	.049	.006		
	9			.001	.019	.084	.175	.189	.101	.020	.000	
	10			.000	.006	.039	.122	.198	.165	.055	.003	.000
	11				.001	.014	.067	.162	.210	.120	.014	.001
	12				.000	.004	.028	.101	.204	.200	.051	.006
	13					.001	.009	.047	.146	.246	.142	.036
	14					.000	.002	.015	.073	.211	.275	.146
	15						.000	.003	.023	.113	.329	.371
	16							.000	.003	.028	.185	.440

n	x	p .05	.10	.20	.30	.40	.50	.60	.70	.80	.90	.95
17	0	.418	.167	.023	.002	.000						
	1	.374	.315	.096	.017	.002	.000					
	2	.158	.280	.191	.058	.010	.001					
	3	.041	.156	.239	.125	.034	.005	.000				
	4	.008	,060	.209	.187	.080	.018	.002	.000			
	5	.001	.017	.136	.208	.138	.047	.008	.001			
	6	.000	.004	.068	.178	.184	.094	,024	.003			
	7		.001	.027	.120	.193	.148	.057	.009	.000		
	8		.000	.008	.064	.161	.185	.107	.028	.002		
	9			.002	.028	.107	.185	.161	.064	.008	.000	
	10			.000	.009	.057	.148	.193	.120	.027	.001	
	11				.003	.024	.094	.184	.178	.068	.004	.000
	12				.001	.008	.047	.138	.208	.136	.017	.001
	13				.000	.002	.018	.080	.187	.209	.060	.008
	14					.000	.005	.034	.125	.239	.156	.041
	15						.001	.010	.058	.191	.280	.158
	16						.000	.002	.017	.096	.315	.374
	17							.000	.002	.023	.167	.418
18	0	.397	.150	.018	.002	.000						
	1	.376	.300	.081	.013	.001	.000					
	2	.168	.284	.172	.046	.007	.001					
	3	.047	.168	.230	.105	.025	.003	.000				
	4	.009	.070	.215	.168	.061	.012	.001				
	5	.001	.022	.151	.202	.115	.033	.004	.000			
	6	.000	.005	.082	.187	.166	.071	.015	.001			
	7		.001	.035	.138	.189	.121	.037	.005	.000		
	8		.000	.012	.081	.173	.167	.077	.015	.001		
	9			.003	.039	.128	.185	.128	.039	.003		
	10			.001	.015	.077	.167	.173	.081	.012	.000	
	11			.000	.005	.037	.121	.189	.138	.035	.001	
	12				.001	.015	.071	.166	.187	.082	.005	.000
	13				.000	.004	.033	.115	.202	.151	.022	.001
	14					.001	.012	.061	.168	.215	.070	.009
	15					.000	.003	.025	.105	.230	.168	.047
	16						.001	.007	.046	.172	.284	.168
	17						.000	.001	.013	.081	.300	.376
	18							.000	.002	.018	.150	.397

n	x	p										
		.05	.10	.20	.30	.40	.50	.60	.70	.80	.90	.95
19	0	.377	.135	.014	.001	.000						
	1	.377	.285	.068	.009	.001						
	2	.179	.285	.154	.036	.005	.000					
	3	.053	.180	.218	.087	.017	.002	.000				
	4	.011	.080	.218	.149	.047	.007	.001				
	5	.002	.027	.164	.192	.093	.022	.002	.000			
	6	.000	.007	.095	.192	.145	.052	.008	.001			
	7		.001	.044	.153	.180	.096	.024	.002			
	8		.000	.017	.098	.180	.144	.053	.008	.000		
	9			.005	.051	.146	.176	.098	.022	.001		
	10			.001	.022	.098	.176	.146	.051	.005		
	11			.000	.008	.053	.144	.180	.098	.017	.000	
	12				.002	.024	.096	.180	.153	.044	.001	
	13				.001	.008	.052	.145	.192	.095	.007	.000
	14				.000	.002	.022	.093	.192	.164	.027	.002
	15					.001	.007	.047	.149	.218	.080	.011
	16					.000	.002	.017	.087	.218	.180	.053
	17						.000	.005	.036	.154	.285	.179
	18							.001	.009	.068	.285	.377
	19							.000	.001	.014	.135	.377
20	0	.358	.122	.012	.001							
	1	.377	.270	.058	.007	.000						
	2	.189	.285	.137	.028	.003	.000					
	3	.060	.190	.205	.072	.012	.001					
	4	.013	.090	.218	.130	.035	.005	.000				
	5	.002	.032	.175	.179	.075	.015	.001				
	6	.000	.009	.109	.192	.124	.037	.005	.000			
	7		.002	.055	.164	.166	.074	.015	.001			
	8		.000	.022	.114	.180	.120	.035	.004			
	9			.007	.065	.160	.160	.071	.012	.000		
	10			.002	.031	.117	.176	.117	.031	.002		
	11			.000	.012	.071	.160	.160	.065	.007		
	12				.004	.035	.120	.180	.114	.022	.000	
	13				.001	.015	.074	.166	.164	.055	.002	
	14				.000	.005	.037	.124	.192	.109	.009	.000
	15					.001	.015	.075	.179	.175	.032	.002
	16					.000	.005	.035	.130	.218	.090	.013
	17						.001	.012	.072	.205	.190	.060
	18						.000	.003	.028	.137	.285	.189
	19							.000	.007	.058	.270	.377
	20								.001	.012	.122	.358

n	x	p										
		.05	.10	.20	.30	.40	.50	.60	.70	.80	.90	.95
25	0	.277	.072	.004	.000							
	1	.365	.199	.024	.001							
	2	.231	.266	.071	.007	.000						
	3	.093	.226	.136	.024	.002						
	4	.027	.138	.187	.057	.007	.000					
	5	.006	.065	.196	.103	.020	.002					
	6	.001	.024	.163	.147	.044	.005	.000				
	7	.000	.007	.111	.171	.080	.014	.001				
	8		.002	.062	.165	.120	.032	.003				
	9		.000	.029	.134	.151	.061	.009	.000			
	10			.012	.092	.161	.097	.021	.001			
	11			.004	.054	.147	.133	.043	.004			
	12			.001	.027	.114	.155	.076	.011	.000		
	13			.000	.011	.076	.155	.114	.027	.001		
	14				.004	.043	.133	.147	.054	.004		
	15				.001	.021	.097	.161	.092	.012		
	16				.000	.009	.061	.151	.134	.029	.000	
	17					.003	.032	.120	.165	.062	.002	
	18					.001	.014	.080	.171	.111	.007	.000
	19					.000	.005	.044	.147	.163	.024	.001
	20						.002	.020	.103	.196	.065	.006
	21						.000	.007	.057	.187	.138	.027
	22							.002	.024	.136	.226	.093
	23							.000	.007	.171	.266	.231
	24								.001	.024	.199	.365
	25								.000	.004	.072	.277

[표 2] Poisson분포표

$$P(X=x) = e^{-\lambda}\frac{\lambda^x}{x!}$$

x	λ									
	0.5	1.0	1.5	2.0	2.5	3.0	3.5	4.0	4.5	5.0
0	.6065	.3679	.2231	.1353	.0821	.0498	.0302	.0183	.0111	.0067
1	.3033	.3679	.3347	.2707	.2052	.1494	.1057	.0733	.0500	.0337
2	.0758	.1839	.2510	.2707	.2565	.2240	.1850	.1465	.1125	.0842
3	.0126	.0613	.1255	.1804	.2138	.2240	.2158	.1954	.1687	.1404
4	.0016	.0153	.0471	.0902	.1336	.1680	.1888	.1954	.1898	.1755
5	.0002	.0031	.0141	.0361	.0668	.1008	.1322	.1563	.1708	.1755
6	.0000	.0005	.0035	.0120	.0278	.0504	.0771	.1042	.1281	.1462
7		.0001	.0008	.0034	.0099	.0216	.0385	.0595	.0824	.1044
8		.0000	.0001	.0009	,0031	.0081	.0169	.0298	.0463	.0653
9			.0000	.0002	.0009	.0027	.0066	.0132	.0232	.0363
10				.0000	.0002	.0008	.0023	.0053	.0104	.0181
11					.0000	.0002	.0007	.0019	.0043	.0082
12						.0001	.0002	.0006	.0016	.0034
13						.0000	.0001	.0002	.0006	.0013
14							.0000	.0001	.0002	.0005
15								.0000	.0001	.0002
16									.0000	.0000
17										
18										
19										
20										

x	λ									
	5.5	6.0	6.5	7.0	7.5	8.0	8.5	9.0	9.5	10.0
0	.0041	.0025	.0015	.0009	.0006	.0003	.0002	.0001	.0001	.0000
1	.0225	.0149	.0098	.0064	.0041	.0027	.0017	.0011	.0007	.0005
2	.0618	.0446	.0318	.0223	.0156	.0107	.0074	.0050	.0034	.0023
3	.1133	.0892	.0688	.0521	.0389	.0286	.0208	.0150	.0107	.0076
4	.1558	.1339	.1118	.0912	.0729	.0573	.0443	.0337	.0254	.0189
5	.1714	.1606	.1454	.1277	.1094	.0916	.0752	.0607	.0483	.0378
6	.1571	.1606	.1575	.1490	.1367	.1221	.1066	.0911	.0764	.0631
7	,1234	.1377	.1462	.1490	.1465	.1396	.1294	.1171	.1037	.0901
8	.0849	.1033	.1188	.1304	.1373	.1396	.1375	.1318	.1232	.1126
9	.0519	.0688	.0858	.1014	.1144	.1241	.1299	.1318	.1300	.1251
10	.0285	.0413	.0558	.0710	.0858	.0993	.1104	.1186	.1235	.1251
11	.0143	.0225	.0330	.0452	.0585	.0722	.0853	.0970	.1067	.1137
12	.0065	.0113	.0179	.0263	.0366	.0481	.0604	.0728	.0844	.0948
13	.0028	.0052	.0089	.0142	.0211	.0296	.0395	.0504	.0617	.0729
14	.0011	.0022	.0041	.0071	.0113	.0169	.0240	.0324	.0419	.0521
15	.0004	.0009	.0018	.0033	.0057	.0090	.0136	.0194	.0265	.0347
16	.0001	.0003	.0007	.0014	.0026	.0045	.0072	.0109	.0157	,0217
17	.0000	.0001	.0003	.0006	.0012	.0021	.0036	.0058	.0088	.0128
18		.0000	.0001	.0002	.0005	.0009	.0017	.0029	.0046	.0071
19			.0000	.0001	.0002	.0004	.0008	.0014	.0023	.0037
20				.0000	.0001	.0002	.0003	.0006	.0011	.0019
21					.0000	.0001	.0001	.0003	.0005	.0009
22						.0000	.0001	.0001	.0002	.0004
23							.0000	.0000	.0001	.0002
24									.0000	.0001
25										.0000

x	λ									
	11	12	13	14	15	16	17	18	19	20
0	.0000	.0000								
1	.0002	.0001	.0000	.0000						
2	.0010	.0004	,0002	.0001	.0000	.0000				
3	.0037	.0018	.0008	.0004	.0002	.0001	.0000	.0000		
4	.0102	.0053	.0027	.0013	.0006	.0003	.0001	.0001	.0000	.0000
5	.0224	.0127	.0070	.0037	.0019	.0010	.0005	.0002	.0001	.0001
6	.0411	.0255	.0152	.0087	.0048	.0026	.0014	.0007	.0004	.0002
7	.0646	.0437	.0281	.0174	.0104	.0060	.0034	.0019	.0010	.0005
8	.0888	.0655	.0457	.0304	.0194	.0120	.0072	.0042	.0024	.0013
9	.1085	.0874	.0661	.0473	.0324	.0213	.0135	.0083	.0050	.0029
10	.1194	.1048	.0859	.0663	.0486	.0341	.0230	.0150	.0095	.0058
11	.1194	.1144	.1015	.0844	.0663	.0496	.0355	.0245	.0164	.0106
12	.1094	.1144	.1099	.0984	.0829	.0661	.0504	.0368	.0259	.0176
13	.0926	.1056	.1099	.1060	.0956	.0814	.0658	.0509	.0378	.0271
14	.0728	.0905	.1021	.1060	.1024	.0930	.0800	.0655	.0514	.0387
15	.0534	.0724	.0885	.0989	.1024	.0992	.0906	.0786	.0650	.0516
16	.0367	.0543	.0719	.0866	.0960	.0992	.0963	.0884	.0772	.0646
17	.0237	.0383	.0550	.0713	.0847	.0934	.0963	.0936	.0963	.0760
18	.0145	.0255	.0397	.0554	.0706	.0830	.0909	.0936	.0911	.0844
19	.0084	.0161	.0272	.0409	.0557	.0699	.0814	.0887	.0911	.0888
20	.0046	.0097	.0177	.0286	.0418	.0559	.0692	.0798	.0866	.0888
21	.0024	.0055	.0109	.0191	.0299	.0426	.0560	.0684	.0783	.0846
22	.0012	.0030	.0065	.0121	.0204	.0310	.0433	.0560	.0676	.0769
23	.0006	.0016	.0037	.0074	.0133	.0216	.0320	.0438	.0559	.0669
24	.0003	.0008	.0020	.0043	.0083	.0144	.0226	.0328	.0442	.0557
25	.0001	.0004	.0010	.0024	.0050	.0092	.0154	.0237	.0336	.0446
26	.0000	.0002	.0005	.0013	.0029	.0057	.0101	.0164	.0246	.0343
27		.0001	.0002	.0007	.0016	.0034	.0063	.0109	.0173	.0254
28		.0000	.0001	.0003	.0009	.0019	.0038	.0070	.0117	.0181
29			.0001	.0002	.0004	.0011	.0023	.0044	.0077	.0125
30			.0000	.0001	.0002	.0006	.0013	.0026	.0049	.0083
31				.0000	.0001	.0003	.0007	.0015	.0030	.0054
32					.0001	.0001	.0004	.0009	.0018	.0034
33					.0000	.0001	.0002	.0005	.0010	.0020
34						.0000	.0001	.0002	.0006	.0012
35							.0000	.0001	.0003	.0007
36								.0001	.0002	.0004
37								.0000	.0001	.0002
38									.0000	.0001
39										.0001
40										.0000

[표 3] 표준정규분포표

$$P(0 \le Z \le z) = \frac{1}{\sqrt{2\pi}} \int_0^z e^{-\frac{t^2}{2}} dt$$

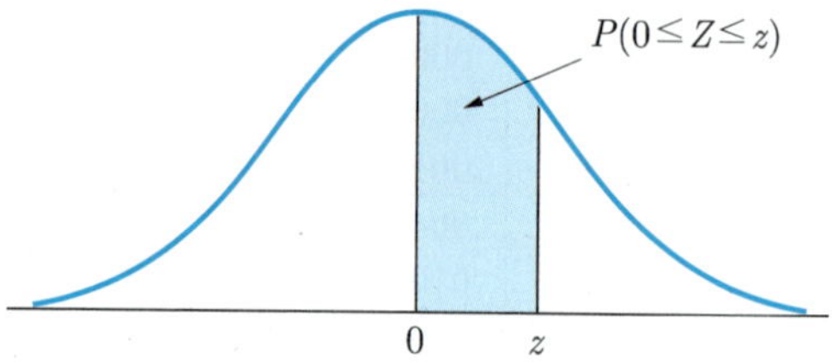

z	.00	.01	.02	.03	.04	.05	.06	.07	.08	.09
0.0	.0000	.0040	.0080	.0120	.0160	.0199	.0239	.0279	.0319	.0359
0.1	.0398	.0438	.0478	.0517	.0557	.0596	.0636	.0675	,0714	.0753
0.2	.0793	.0832	.0871	.0910	.0948	.0987	.1026	.1064	.1103	.1141
0.3	.1179	.1217	.1255	.1293	.1331	.1368	.1406	.1443	.1480	.1517
0.4	.1554	.1591	.1628	.1664	.1700	.1736	.1772	.1808	.1844	.1879
0.5	.1915	.1950	.1985	.2019	.2054	.2088	.2123	.2157	.2190	.2224
0.6	.2257	.2291	.2324	.2357	.2389	.2422	.2454	.2486	.2571	.2549
0.7	.2580	.2611	.2642	.2673	.2703	.2734	.2764	.2794	.2823	.2852
0.8	.2881	.2910	.2939	.2967	.2995	.3023	.3051	.3078	.3106	.3133
0.9	.3159	.3186	.3212	.3283	.3264	.3289	.3315	.3340	.3365	.3389
1.0	.3413	.3438	.3461	3485	.3508	.3531	.3554	.3577	.3599	.3621
1.1	.3643	.3665	.3686	.3708	.3729	.3749	.3770	.3790	.3810	.3830
1.2	.3849	.3869	.3888	.3907	.3925	.3944	.3962	.3980	.3997	.4015
1.3	.4032	.4049	.4066	.4082	.4099	.4115	.4131	.4147	.4162	.4177
1.4	.4192	.4207	.4222	.4236	.4251	.4265	.4279	.4292	.4306	.4319
1.5	.4332	.4345	.4357	.4370	.4382	.4394	.4406	.4418	.4429	.4441
1.6	.4452	.4463	.4474	.4484	.4495	.4505	.4515	.4525	.4535	.4545
1.7	.4554	.4564	.4573	.4582	.4591	.4599	.4608	.4616	.4625	.4633
1.8	.4641	.4649	.4656	.4664	.4671	.4678	.4686	.4693	.4699	.4706
1.9	.4713	.4719	.4726	.4732	.4738	.4744	.4750	.4756	.4761	.4767
2.0	.4772	.4778	.4783	.4788	.4793	.4798	.4803	.4808	.4812	.4817
2.1	.4821	.4826	.4830	.4834	.4838	.4842	.4846	.4850	.4854	.4857
2.2	.4861	.4864	.4868	.4871	.4875	.4878	.4881	.4884	.4887	.4890
2.3	.4893	.4896	.4898	.4901	.4904	.4906	.4909	.4911	.4913	.4916
2.4	.4918	.4920	.4922	.4925	.4927	.4929	.4931	.4932	.4934	.4936
2.5	.4930	.4940	.4941	.4943	.4945	.4946	.4948	.4949	.4951	.4952
2.6	.4953	.4955	.4956	.4957	.4959	.4960	.4961	.4962	.4963	.4964
2.7	.4965	.4966	.4967	.4968	.4969	.4970	.4971	.4972	.4973	.4974
2.8	.4974	.4975	.4976	.4977	.4977	.4978	.4979	.4979	.4980	.4981
2.9	.4981	.4982	.4982	.4983	.4984	.4984	.4985	.4985	.4986	.4986
3.0	.4987	.4987	.4987	.4988	.4988	.4989	.4989	.4989	.4990	.4990
3.1	.4990	.4991	.4991	.4991	.4992	.4992	.4992	.4992	.4993	.4993
3.2	.4993	.4993	.4994	.4994	.4994	.4994	.4994	.4995	.4995	.4995
3.3	.4995	.4995	.4995	.4996	.4996	.4996	.4996	.4996	.4996	.4997
3.4	.4997	.4997	.4997	.4997	.4997	.4997	.4997	.4997	.499	.4998
3.5	.4998	.4998	.499	.4998	.4998	.4998	.4998	.4998	.4998	.4998

[표 4] $t_\alpha(n)$ – 분포표

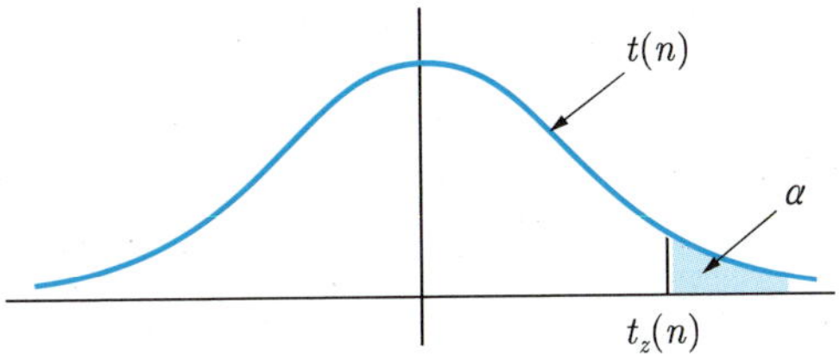

n	α					
	0.25	0.1	0.05	0.025	0.01	0.005
2	0.816	1.886	2.920	4.303	6.965	9.925
3	0.765	1.638	2.353	3.182	4.541	5.841
4	0.741	1.533	2.132	2.776	3.747	4.604
5	0.727	1.476	2.015	2.571	3.365	4.032
6	0.718	1.440	1.943	2.447	3.143	3.707
7	0.711	1.415	1.895	2.365	2.998	3.499
8	0.706	1.397	1.860	2.306	2.896	3.355
9	0.703	1.383	1.833	2.262	2.821	3.250
10	0.700	1.372	1.812	2.228	2.764	3.169
11	0.697	1.363	1.796	2.201	2.718	3.106
12	0.695	1.356	1.782	2.179	2.681	3.055
13	0.694	1.350	1.771	2.160	2.650	3.012
14	0.092	1.345	1.761	2.145	2.624	2.977
15	0.691	1.341	1.753	2.131	2.602	2.947
16	0.690	1.337	1.746	2.120	2.583	2.921
17	0.689	1.333	1.740	2.110	2.567	2.898
18	0.688	1.330	1.734	2.101	2.552	2.878
19	0.688	1.328	1.729	2.093	2.539	2.861
20	0.687	1.325	1.725	2.086	2.528	2.845
21	0.686	1.323	1.721	2.080	2.518	2.831
22	0.686	1.321	1.717	2.074	2.508	2.819
23	0.685	1.319	1.714	2.069	2.500	2.807
24	0.685	1.318	1.711	2.064	2.492	2.797
25	0.684	1.316	1.708	2.060	2.485	2.787
26	0.684	1.315	1.706	2.056	2.479	2.779
27	0.684	1.314	1.703	2.052	2.473	2.771
28	0.683	1.313	1.701	2.048	2.467	2.763
29	0.683	1.311	1.699	2.045	2.462	2.756
30	0.683	1.310	1.697	2.042	2.457	2.750
40	0.681	1.303	1.684	2.021	2.423	2.704
60	0.679	1.296	1.671	2.000	2.390	2.660
120	0.677	1.289	1.658	1.980	2.358	2.617
∞	0.674	1.282	1.645	1.960	2.326	2.576

[표 5] $\chi^2_\alpha(n)$ - 분포표

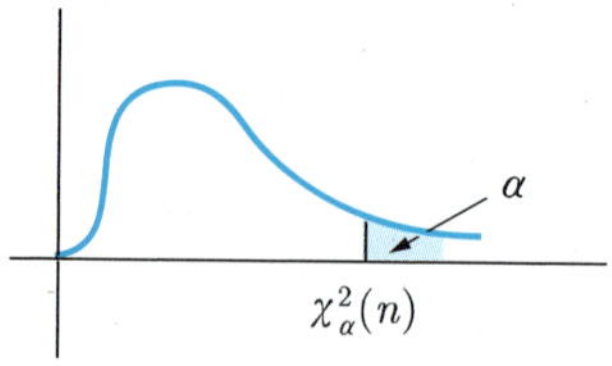

n	α							
	0.99	0.975	0.95	0.90	0.10	0.05	0.025	0.01
2	0.020	0.051	0.103	0.211	4.605	5.591	7.378	9.210
3	0.115	0.216	0.352	0.584	6.251	7.815	9.348	11.345
4	0.297	0.484	0.711	1.064	7.779	9.488	11.143	13.277
5	0.554	0.831	1.145	1.610	9.236	11.070	12.832	15.086
6	0.872	1.237	1.635	2.204	10.645	12.592	14.449	16.812
7	1.239	1.690	2.167	2.833	12.017	14.067	16.013	18.475
8	1.647	2.180	2.733	3.490	13.362	15.507	17.535	20.090
9	2.088	2.700	3.325	4.168	14.684	16.919	19.023	21.666
10	2.558	3.247	3.940	4.865	15.987	18.307	20.483	23.209
11	3.053	3.816	4.575	5.578	17.275	19.675	21.920	24.725
12	3.571	4.404	5.226	6.304	18.549	21.026	23.337	26.217
13	4.107	5.009	5.892	7.041	19.812	22.362	24.736	27.688
14	4.660	5.629	6.571	7.790	21.064	23.685	26.119	29.141
15	5.229	6.262	7.261	8.547	22.307	24.996	27.488	30.578
16	5.812	6.908	7.962	9.312	23.542	26.296	28.845	32.000
17	6.408	7.564	8.672	10.085	24.769	25.587	30.191	33.409
18	7.015	8.231	9.390	10.865	25.989	28.869	31.526	34.805
19	7.633	8.907	10.117	11.651	27.204	30.144	32.852	36.191
20	8.260	9.591	10.851	12.443	28.412	31.410	34.170	37.566
21	8.897	10.283	11.591	13.240	29.615	32.671	35.479	38.932
22	9.542	10.982	12.338	14.041	30.813	33.924	36.781	40.289
23	10.196	11.689	13.091	14.848	32.007	35.172	38.076	41.638
24	10.856	12.401	13.848	15.659	33.196	36.415	39.364	42.980
25	11.524	13.120	14.611	16.473	34.382	37.652	40.646	44.314
26	12.198	13.844	15.379	17.292	35.563	38.885	41.923	45.642
27	12.878	14.573	16.151	18.114	36.761	40.113	43.195	46.963
28	13.565	15.308	16.928	18.939	37.916	41.337	44.461	48.278
29	14.256	16.047	17.708	19.768	39.087	42.557	45.722	49.588
30	14.953	16.791	18.493	20.599	40.256	43.773	46.979	50.892
40	22.164	24.433	26.509	29.051	51.805	55.758	59.342	63.691
50	29.707	32.357	34.764	37.689	63.167	67.505	71.420	76.154
60	37.485	40.482	43.188	46.459	74.397	79.082	83.298	88.379
70	45.442	48.758	51.739	55.329	85.527	90.531	95.023	100.425
80	53.540	57.153	60.391	64.278	96.578	101.879	106.629	112.329
90	61.754	65.647	69.126	73.291	107.565	113.145	118.136	124.116
100	70.065	74.222	77.929	82.358	118.498	124.342	129.561	135.807

[표 6] $f_\alpha(n_1, n_2)$−분포표

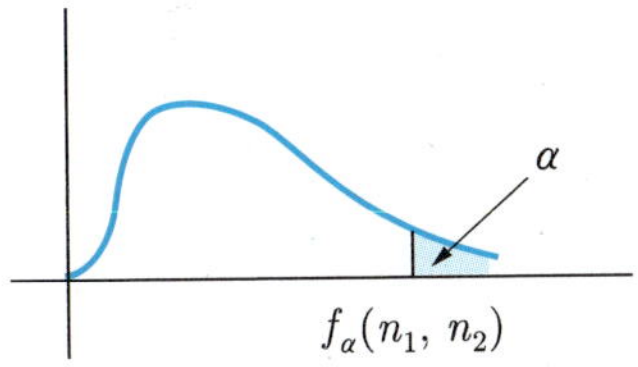

$\alpha = 0.1$

구분		분자자유도 n_1								
		2	3	4	5	6	7	8	9	10
분모자유도 n_2	2	9.00	9.16	9.24	9.29	9.33	9.35	9.37	9.38	9.39
	3	5.46	5.39	5.34	5.31	5.28	5.27	5.25	5.24	5.23
	4	4.32	4.19	4.11	4.05	4.01	3.98	3.95	3.94	3.92
	5	3.78	3.62	3.52	3.45	3.40	3.37	3.34	3.31	3.30
	6	3.46	3.29	3.18	3.11	3.05	3.01	2.98	2.96	2.94
	7	3.26	3.07	2.96	2.88	2.83	2.78	2.75	2.72	2.70
	8	3.11	2.92	2.81	2.73	2.67	2.62	2.59	2.56	2.54
	9	3.01	2.81	2.69	2.61	2.55	2.51	2.47	2.44	2.42
	10	2.92	2.73	2.61	2.52	2.46	2.41	2.38	2.35	2.32
	11	2.86	2.66	2.54	2.45	2.39	2.34	2.30	2.27	2.25
	12	2.81	2.61	2.48	2.39	2.33	2.28	2.24	2.21	2.19
	13	2.76	2.56	2.43	2.35	2.28	2.23	2.20	2.16	2.14
	14	2.73	2.52	2.39	2.31	2.24	2.19	2.15	2.12	2.10
	15	2.70	2.49	2.36	2.27	2.21	2.16	2.12	2.09	2.06
	16	2.67	2.46	2.33	2.24	2.18	2.13	2.09	2.06	2.03
	17	2.64	2.44	2.31	2.22	2.15	2.10	2.06	2.03	2.00
	18	2.62	2.42	2.29	2.20	2.13	2.08	2.04	2.00	1.98
	19	2.61	2.40	2.27	2.18	2.11	2.06	2.02	1.98	1.96
	20	2.59	2.38	2.25	2.16	2.09	2.04	2.00	1.96	1.94
	21	2.57	2.36	2.23	2.14	2.08	2.02	1.98	1.95	1.92
	22	2.56	2.35	2.22	2.13	2.06	2.01	1.97	1.93	1.90
	23	2.55	2.34	2.21	2.11	2.05	1.99	1.95	1.92	1.89
	24	2.54	2.33	2.19	2.10	2.04	1.98	1.94	1.91	1.88
	25	2.53	2.32	2.18	2.09	2.02	1.97	1.93	1.89	1.87
	26	2.52	2.31	2.17	2.08	2.01	1.96	1.92	1.88	1.86
	27	2.51	2.30	2.17	2.07	2.00	1.95	1.91	1.87	1.85
	28	2.50	2.29	2.16	2.06	2.00	1.94	1.90	1.87	1.84
	29	2.50	2.28	2.15	2.06	1.99	1.93	1.89	1.86	1.83
	30	2.49	2.28	2.14	2.05	1.98	1.93	1.88	1.85	1.82
	40	2.44	2.23	2.09	2.00	1.93	1.87	1.83	1.79	1.76
	60	2.39	2.18	2.04	1.95	1.87	1.82	1.77	1.74	1.71
	120	2.35	2.13	1.99	1.90	1.82	1.77	1.72	1.66	1.65
	200	2.33	2.11	1.97	1.88	1.80	1.75	1.70	1.66	1.63

$\alpha = 0.1$

구분		분자자유도 n_1								
		12	15	20	25	30	40	60	120	200
분모자유도 n_2	2	9.41	9.42	9.44	9.45	9.46	9.47	9.47	9.48	9.49
	3	5.22	5.20	5.18	5.17	5.17	5.16	5.15	5.14	5.14
	4	3.90	3.87	3.84	3.83	3.82	3.80	3.79	3.78	3.77
	5	3.27	3.24	3.21	3.19	3.17	3.16	3.14	3.12	3.12
	6	2.90	2.87	2.84	2.81	2.80	2.78	2.76	2.74	2.73
	7	2.67	2.63	2.59	2.57	2.56	2.54	2.51	2.49	2.48
	8	2.50	2.46	2.42	2.40	2.38	2.36	2.34	2.32	2.31
	9	2.38	2.34	2.30	2.27	2.25	2.23	2.21	2.18	2.17
	10	2.28	2.24	2.20	2.17	2.16	2.13	2.11	2.08	2.07
	11	2.21	2.17	2.12	2.10	2,08	2.05	2.03	2.00	1.99
	12	2.15	2.10	2.06	2.01	2.01	1.99	1.96	1.93	1.92
	13	2.10	2.05	2.01	1.98	1.96	1.93	1.90	1.88	1.86
	14	2.05	2.01	1.96	1.93	1.91	1.89	1.86	1.83	1.82
	15	2.02	1.97	1.92	1.89	1.87	1.85	1.82	1.79	1.77
	16	1.99	1.94	1.89	1.86	1.84	1.81	1.78	1.75	1.74
	17	1.96	1.91	1.86	1.83	1.81	1.78	1.75	1.72	1.71
	18	1.93	1.89	1.84	1.80	1.78	1.75	1.72	1.69	1.68
	19	1.90	1.86	1.81	1.78	1.76	1.73	1.70	1.67	1.65
	20	1.89	1.84	1.79	1.76	1.74	1.71	1.68	1.64	1.63
	21	1.87	1.83	1.78	1.74	1.72	1.69	1.66	1.62	1.61
	22	1.86	1.81	1.76	1.73	1.70	1.67	1.64	1.60	1.59
	23	1.84	1.80	1.74	1.71	1.69	1.66	1.62	1.59	1.57
	24	1.83	1.78	1.73	1.70	1.67	1.64	1.61	1.57	1.56
	25	1.82	1.77	1.72	1.68	1.66	1.63	1.59	1.56	1.54
	26	1.81	1.76	1.71	1.67	1.65	1.61	1.58	1.54	1.53
	27	1.80	1.75	1.70	1.66	1.64	1.60	1.57	1.53	1.52
	28	1.79	1.74	1.69	1.65	1.63	1.59	1.56	1.52	1.50
	29	1.78	1.73	1.68	1.64	1.62	1.58	1.55	1.51	1.49
	30	1.77	1.72	1.67	1.63	1.61	1.57	1.54	1.50	1.48
	40	1.71	1.66	1.61	1.57	1.54	1.51	1.47	1.42	1.41
	60	1.66	1.60	1.54	1.50	1.48	1.44	1.40	1.35	1.33
	120	1.60	1.55	1.48	1.45	1.41	1.37	1.32	1.26	1.24
	200	1.58	1.52	1.46	1.41	1.38	1.34	1.29	1.23	1.20

$\alpha = 0.05$

구분	분자자유도 n_1								
분모자유도 n_2	2	3	4	5	6	7	8	9	10
2	19.00	19.16	19.25	19.30	19.33	19.35	19.37	19.38	19.40
3	9.55	9.28	9.12	9.01	8.94	8.89	8.85	8.81	8.79
4	6.94	6.59	6.39	6.26	6.16	6.09	6.04	6.00	5.96
5	5.79	5.41	5.19	5.05	4.95	4.88	4.82	4.77	4.74
6	5.14	4.76	4.39	4.39	4.28	4.21	4.15	4.10	4.06
7	4.74	4.35	4.12	3.97	3.87	3.79	3.73	3.68	3.64
8	4.46	4,07	3.84	3.69	3.58	3.50	3.44	3.39	3.35
9	4.26	3.86	3.63	3.48	3.37	3.29	3.23	3.18	3.14
10	4.00	3.71	3.48	3.33	3.22	3.14	3.07	3.02	2.98
11	3.98	3.59	3.36	3.20	3,09	3.01	2.95	2.90	2.85
12	3.89	3.49	3.26	3.11	3.00	2.91	2.85	2.80	2.75
13	3.81	3.41	3.18	3.03	2.92	2.83	2.77	2.71	2.67
14	3.74	3.34	3.11	2.96	2.85	2.76	2.70	2.65	2.60
15	3.68	3.29	3.06	2.90	2.79	2.71	2.64	2.59	2.54
16	3.63	3.24	3.01	2.85	2.74	2.66	2.59	2.54	2.49
17	3.59	3.20	2.96	2.81	2.70	2.61	2.55	2.49	2.45
18	3.55	3.16	2.93	2.77	2.66	2.58	2.51	2.46	2.41
19	3.52	3.13	2.90	2.74	2.63	2.54	2.48	2.42	2.38
20	3.49	3.10	2.87	2.71	2.60	2.51	2.45	2.39	2.35
21	3.47	3.07	2.84	2.68	2.57	2.49	2.42	2.37	2.32
22	3.44	3.05	2.82	2.66	2.55	2.46	2.40	2.34	2.30
23	3.42	3.03	2.80	2.64	2.53	2.44	2.37	2.32	2.27
24	3.40	3.01	2.78	2.62	2.51	2.41	2.36	2.30	2.25
25	3.39	2.99	2.76	2.60	2.49	2.40	2.34	2.28	2.24
26	3.37	2.98	2.74	2.59	2.47	2.39	2.32	2.27	2.22
27	3.35	2.96	2.73	2.57	2.46	2.37	2.31	2.25	2.20
28	3.34	2.95	2.71	2.56	2.45	2.36	2.29	2.24	2.19
29	3.33	2.93	2.70	2.55	2.43	2.35	2.28	2.22	2.18
30	3.32	2.92	2.69	2.53	2.42	2.33	2.27	2.21	2.16
40	3.23	2.84	2.61	2.45	2.34	2.25	2.18	2.12	2.08
60	3.15	2.76	2.53	2.37	2.25	2.17	2.10	2.04	1.99
120	3.07	2.68	2.45	2.29	2.18	2.09	2.02	1.96	2.91
200	3.04	2.65	2.42	2.26	2.14	2.06	1.98	1.93	1.88

$\alpha = 0.05$

구분		분자자유도 n_1								
		12	15	20	25	30	40	60	120	200
분모자유도 n_2	2	19.41	19.43	19.45	19.46	19.46	19.47	19.48	19.49	19.49
	3	8.74	8.70	8.66	8.63	8.62	8.59	8.57	8.55	8.54
	4	5.91	5.86	5.80	5.77	5.75	5.72	5.69	5.66	5.65
	5	4.68	4.62	4.56	4.52	4.50	4.46	4.43	4.40	4.39
	6	4.00	3.94	3.87	3.83	3.81	3.77	3.74	3.70	3.69
	7	3.57	3.51	3.44	3.40	3.38	3.34	3.30	3.27	3.25
	8	3.28	3.22	3.15	3.11	3.08	3.04	3.01	2.97	2.95
	9	3.07	3.01	2.94	2.89	2.86	2.83	2.79	2.75	2.73
	10	2.91	2.85	2.77	2.73	2.70	2.66	2.62	2.58	2.56
	11	2.79	2.72	2.65	2.60	2.57	2.53	2.49	2.45	2.43
	12	2.69	2.62	2.54	2.50	2.47	2.43	2.38	2.34	2.32
	13	2.60	2.53	2.46	2.41	2.38	2.34	2.30	2.25	2.23
	14	2.53	2.46	2.39	2.34	2.31	2.27	2.22	2.18	2.16
	15	2.48	2.40	2.33	2.28	2.25	2.20	2.16	2.11	2.10
	16	2.42	2.35	2.28	2.23	2.19	2.15	2.11	2.06	2.04
	17	2.38	2.31	2.23	2.18	2.15	2.10	2.06	2.01	1.99
	18	2.34	2.27	2.19	2.14	2.11	2.06	2.02	1.97	1.95
	19	2.31	2.23	2.16	2.11	2.07	2.03	1.98	1.93	1.91
	20	2.20	2.20	2.12	2.07	2.04	1.99	1.95	1.90	1.88
	21	2.25	2.18	2.10	2.05	2.01	1.96	1.92	1.87	1.84
	22	2.23	2.15	2.07	2.02	1.98	1.94	1.89	1.84	1.82
	23	2.20	2.13	2.05	2.00	1.96	1.91	1.86	1.81	1.79
	24	2.18	2.11	2.03	1.97	1.94	1.89	1.84	1.79	1.77
	25	2.16	2.09	2.01	1.96	1.92	1.87	1.82	1.77	1.75
	26	2.15	2.07	1.99	1.94	1.90	1.85	1.80	1.75	1.73
	27	2.13	2.06	1.97	1.92	1.88	1.84	1.79	1.73	1.71
	28	2.12	2.04	1.96	1.91	1.87	1.82	1.77	1.71	1.69
	29	2.10	2.04	1.94	1.89	1.85	1.81	1.75	1.70	1.67
	30	2.09	2.01	1.93	1.88	1.84	1.79	1.74	1.68	1.66
	40	2.00	1.92	1.84	1.78	1.74	1.69	1.64	1.58	1.55
	60	1.92	1.84	1.75	1.69	1.65	1.59	1.53	1.47	1.44
	120	1.83	1.75	1.66	1.60	1.55	1.50	1.43	1.35	1.32
	200	1.80	1.72	1.62	1.56	1.52	1.46	1.39	1.30	1.26

$\alpha = 0.025$

구분		분자자유도 n_1								
		2	3	4	5	6	7	8	9	10
분모자유도 n_2	2	39.00	39.17	39.25	39.30	39.33	39.36	39.37	39.39	39.40
	3	16.04	15.44	15.10	14.88	14.73	14.62	14.54	14.47	14.42
	4	10.65	9.98	9.60	9.36	9.20	9.07	8.98	8.90	8.84
	5	8.43	7.76	7.39	7.15	6.98	6.85	6.76	6.68	6.62
	6	7.26	6.60	6.23	5.99	5.82	5.70	5.60	5.52	5.46
	7	6.54	5.89	5.52	5.29	5.12	4.99	4.90	4.82	4.76
	8	6.06	5.42	5.05	4.82	4.65	4.53	4.43	4.36	4.30
	9	5.71	5.08	4.72	4.48	4.32	4.20	4.10	4.03	3.96
	10	5.46	4.83	4.47	4.24	4.07	3.95	3.85	3.78	3.72
	11	5.26	4.63	4.28	4.04	3.88	3.76	3.66	3.59	3.53
	12	5.10	4.47	4.12	3.89	3.73	3.61	3.51	3.44	3.37
	13	4.97	4.35	4.00	3.77	3.60	3.48	3.39	3.31	3.25
	14	4.86	4.24	3.89	3.66	3.50	3.38	3.29	3.21	3.15
	15	4.77	4.15	3.80	3.58	3.41	3.29	3.20	3.12	3.06
	16	4.69	4.08	3.73	3.50	3.34	3.22	3.12	3.05	2.99
	17	4.62	4.01	3.66	3.44	3.28	3.16	3,06	2.98	2.92
	18	4.56	3.95	3.61	3.38	3.22	3.10	3.01	2.93	2.87
	19	4.51	3.90	3.56	3.33	3.17	3.05	2.96	2.88	2.82
	20	4.46	3.86	3.51	3.29	3.13	3.01	2.91	2.84	2.77
	21	4.42	3.82	3.48	3.25	3.09	2.97	2.87	2.80	2.73
	22	4.38	3.78	3.44	3.22	3.05	2.93	2.84	2.76	2.70
	23	4.35	3.75	3.41	3.18	3.03	2.90	2.81	2.73	2.67
	24	4.32	3.72	3.38	3.15	2.99	2.87	2.78	2.70	2.64
	25	4.29	3.69	3.35	3.13	2.97	2.85	2.75	2.68	2.61
	26	4.27	3.67	3.33	3.10	2.94	2.82	2.73	2.65	2.59
	27	4.24	3.65	3.31	3.08	2.92	2.80	2.71	2.63	2.57
	28	4.22	3.63	3.29	3.06	2.90	2.78	2.69	2.61	2.55
	29	4.20	3.61	3.27	3.04	2.88	2.76	2.67	2.59	2.53
	30	4.18	3.59	3.25	3.03	2.87	2.75	2.65	2.57	2.51
	40	4.05	3.46	3.13	2.90	2.84	2.62	2.53	2.45	2.39
	60	3.93	3.34	3.01	2.79	2.73	2.51	2.41	2.33	2.27
	120	3.80	3.23	2.89	2.67	2.52	2.39	2.30	2.22	2.16
	200	3.76	3.18	2.85	2.63	2.47	2.35	2.26	2.18	2.11

$\alpha = 0.025$

구분		분자자유도 n_1								
		12	15	20	25	30	40	60	120	200
분모자유도 n_2	2	39.41	39.43	39.45	39.46	39.46	39.47	39.48	39.49	39.49
	3	14.34	14.25	14.17	14.16	14.08	14.04	13.99	13.95	13.93
	4	8.75	8.66	8.56	8.50	8.46	8.41	8.36	8.31	8.29
	5	6.52	6.43	6.33	6.27	6.23	6.18	6.12	6.07	6.05
	6	5.37	5.27	5.17	5.11	5.07	5.01	4.96	4.90	4.88
	7	4.67	4.57	4.47	4.40	4.36	4.31	4.25	4.20	4.19
	8	4.20	4.10	4.00	3.94	3.89	3.84	3.78	3.73	3.70
	9	3.87	3.77	3.67	3.60	3.56	3.51	3.45	3.39	3.37
	10	3.62	3.52	3.42	3.35	3.31	3.26	3.20	3.14	3.12
	11	3.43	3.33	3.23	3.16	3.12	3.06	3.00	2.94	2.92
	12	3.28	3.18	3.07	3.01	2.96	2.91	2.85	2.79	2.76
	13	3.15	3.05	2.95	2.88	2.84	2.78	2.72	2.66	2.63
	14	3.05	2.95	2.84	2.78	2.73	2.67	2.61	2.55	2.53
	15	2.96	2.86	2.76	2.69	2.64	2.59	2.52	2.46	2.44
	16	2.89	2.79	2.68	2.61	2.57	2.51	2.45	2.38	2.36
	17	2.82	2.72	2.62	2.55	2.50	2.44	2.38	2.32	2.29
	18	2.77	2.67	2.56	2.49	2.44	2.38	2.32	2.26	2.23
	19	2.72	2.62	2.51	2.44	2.39	2.33	2.27	2.20	2.18
	20	2.68	2.57	2.46	2.40	2.35	2.29	2.22	2.16	2.13
	21	2.64	2.53	2.42	2.36	2.31	2.25	2.18	2.11	2.09
	22	2.60	2.50	2.39	2.32	2.27	2.21	2.14	2.08	2.05
	23	2.57	2.47	2.36	2.29	2.24	2.18	2.11	2.04	2.01
	24	2.54	2.44	2.33	2.26	2.21	2.15	2.08	2.01	1.98
	25	2.51	2.41	2.30	2.23	2.18	2.12	2.05	1.98	1.95
	26	2.49	2.39	2.28	2.21	2.16	2.09	2.03	1.95	1.92
	27	2.47	2.36	2.25	2.18	2.13	2.07	2.00	1.93	1.90
	28	2.45	2.34	2.23	2.16	2.11	2.05	1.98	1.91	1.88
	29	2.43	2.32	2.21	2.14	2.09	2.03	1.96	1.89	1.86
	30	2.41	2.31	2.20	2.12	2.07	2.01	1.94	1.87	1.84
	40	2.29	2.18	2.07	1.99	1.94	1.88	1.80	1.72	1.69
	60	2.17	2.06	1.94	1.87	1.82	1.74	1.67	1.58	1.54
	120	2.05	1.94	1.82	1.75	1.69	1.61	1.53	1.43	1.39
	200	2.01	1.90	1.78	1.70	1.64	1.56	1.47	1.37	1.32

$\alpha = 0.01$

구분		분자자유도 n_1								
		2	3	4	5	6	7	8	9	10
분모자유도 n_2	2	99.00	99.17	99.25	99.30	99.33	99.36	99.37	99.39	99.40
	3	30.82	29.46	28.71	28.24	27.91	27.67	27.49	27.35	27.23
	4	18.00	16.69	15.98	15.52	15.21	14.98	14.80	14.66	14.55
	5	13.27	12.06	11.39	10.97	10.67	10.46	10.29	10.16	10.05
	6	10.92	9.78	9.15	8.75	8.47	8.26	8.10	7.98	7.87
	7	9.55	8.45	7.85	7.46	7.19	6.99	6.84	6.72	6.62
	8	8.65	7.59	7.01	6.63	6.37	6.18	6.03	5.91	5.81
	9	8.02	6.99	6.42	6.06	5.80	5.61	5.47	5.35	5.26
	10	7.56	6.55	5.99	5.64	5.39	5.20	5.06	4.94	4.85
	11	7.21	6.22	5.67	5.32	5.07	4.89	4.74	4.63	4.54
	12	6.93	5.95	5.41	5.06	4.82	4.64	4.50	4.39	4.30
	13	6.70	5.74	5.21	4.86	4.62	4.44	4.30	4.19	4.10
	14	6.51	5.56	5.04	4.69	4.46	4.28	4.14	4.03	3.94
	15	6.36	5.42	4.89	4.56	4.32	4.14	4.00	3.89	3.80
	16	6.23	5.29	4.77	4.44	4.20	4.03	3.89	3.78	3.69
	17	6.11	5.18	4.67	4.34	4.10	3.93	3.79	3.68	3.59
	18	6.01	5.09	4.58	4.25	4.01	3.84	3.71	3.60	3.51
	19	5.93	5.01	4.50	4.17	3.94	3.77	3.63	3.52	3.43
	20	5.85	4.94	4.43	4.10	3.87	3.70	3.56	3.46	3.37
	21	5.78	4.87	4.37	4.04	3.81	3.64	3.51	3.40	3.31
	22	5.72	4.82	4.31	3.99	3.76	3.59	3.45	3.35	3.26
	23	5.66	4.76	4.26	3.94	3.71	3.54	3.41	3.30	3.21
	24	5.61	4.72	4.22	3.90	3.67	3.50	3.36	3.26	3.17
	25	5.57	4.68	4.18	3.85	3.63	3.46	3.32	3.22	3.13
	26	5.53	4.64	4.14	3.82	3.59	3.42	3.29	3.18	3.09
	27	5.49	4.60	4.11	3.78	3.56	3.39	3.26	3.15	3.06
	28	5.45	4.57	4.07	3.75	3.53	3.36	3.23	3.12	3.03
	29	5.42	4.54	4.04	3.73	3.50	3.33	3.20	3.09	3.00
	30	5.39	4.51	4.02	3.70	3.47	3.30	3.17	3.07	2.98
	40	5.18	4.31	3.83	3.51	3.29	3.12	2.99	2.89	2.80
	60	4.98	4.13	3.65	3.34	3.12	2.95	2.82	2.72	2.63
	120	4.79	3.95	3.48	3.17	2.96	2.79	2.66	2.56	2.47
	200	4.71	3.88	3.41	3.11	2.89	2.73	2.60	2.50	2.41

$\alpha = 0.01$

구분	분자자유도 n_1								
분모자유도 n_2	12	15	20	25	30	40	60	120	200
2	99.42	99.43	99.45	99.46	99.47	99.47	99.48	99.49	99.49
3	27.05	26.87	26.69	26.58	26.50	26.41	26.32	26.22	26.18
4	14.37	14.20	14.02	13.91	13.84	13.75	13.65	13.56	13.52
5	9.89	9.72	9.55	9.45	9.38	9.29	9.20	9.11	9.08
6	7.72	7.56	7.40	7.30	7.23	7.14	7.06	6.97	6.93
7	6.47	6.31	6.16	6.06	5.99	5.91	5.82	5.74	5.70
8	5.67	5.52	5.36	5.26	5.20	5.12	5.03	4.95	4.91
9	5.11	4.96	4.81	4.71	4.65	4.57	4.48	4.40	4.36
10	4.71	4.56	4.41	4.31	4.25	4.17	4.08	4.00	3.96
11	4.40	4.25	4.10	4.01	3.94	3.86	3.78	3.69	3.66
12	4.16	4.01	3.86	3.76	3.70	3.62	3.54	3.45	3.41
13	3.96	3.82	3.66	3.57	3.51	3.43	3.34	3.25	3.22
14	3.80	3.66	3.51	3.41	3.35	3.27	3.18	3.09	3.06
15	3.67	3.52	3.37	3.28	3.21	3.13	3.05	2.96	2.92
16	3.55	3.41	3.26	3.17	3.10	3.02	2.93	2.84	2.81
17	3.46	3.31	3.16	3.07	3.00	2.92	2.83	2.75	2.71
18	3.37	3.23	3.08	2.98	2.92	2.84	2.75	2.66	2.62
19	3.30	3.15	3.00	2.91	2.84	2.76	2.67	2.58	2.55
20	3.23	3.09	2.94	2.84	2.78	2.69	2.61	2.52	2.48
21	3.17	3.03	2.88	2.79	2.72	2.64	2.55	2.46	2.42
22	3.12	2.98	2.83	2.73	2.67	2.58	2.50	2.40	2.36
23	3.07	2.93	2.78	2.69	2.62	2.54	2.45	2.35	2.32
24	3.03	2.89	2.74	2.64	2.58	2.49	2.40	2.31	2.27
25	2.99	2.85	2.70	2.60	2.54	2.45	2.36	2.27	2.23
26	2.96	2.81	2.66	2.57	2.50	2.42	2.33	2.23	2.19
27	2.93	2.78	2.63	2.54	2.47	2.38	2.29	2.20	2.16
28	2.90	2.75	2.60	2.51	2.44	2.35	2.26	2.17	2.13
29	2.87	2.73	2.57	2.48	2.41	2.33	2.23	2.14	2.10
30	2.84	2.70	2.55	2.45	2.39	2.30	2.21	2.11	2.07
40	2.66	2.52	2.37	2.27	2.20	2.11	2.02	1.92	1.87
60	2.50	2.35	2.20	2.10	2.03	1.94	1.84	1.73	1.68
120	2.34	2.19	2.03	1.93	1.95	1.86	1.76	1.66	1.48
200	2.27	2.13	1.97	1.87	1.79	1.69	1.58	1.45	1.39

연습문제 해답

1장 자료의 정리

1. (1) 평균: 6, 중앙값: 5, Q_1: 5, Q_3: 8, 분산: 3.5

(2) 평균: 8.6, 중앙값: 9, Q_1: 7.25, Q_3: 9.75, 분산: 4.71

2. (1) 평균: 46.25, 분산: 154.8

$$Q_1 = 30 + (10-5)\times\frac{10}{7} = 37.14$$

$$Q_2 = 40 + (20-12)\times\frac{10}{12} = 46.67$$

$$Q_3 = 50 + (30-24)\times\frac{10}{10} = 56$$

(2) 평균: 38, 분산: 216.47

$$Q_1 = 25 + (8.75-7)\times\frac{10}{8} = 27.19$$

$$Q_2 = 35 + (17.5-15)\times\frac{10}{9} = 37.89$$

$$Q_3 = 45 + (26.25-24)\times\frac{10}{5} = 49.5$$

3. 생략

2장 확률

1. (1) 3/8 (2) 7/8

2. (1) 0.4 (2) 0.5

3. (1) $\frac{1}{11}$ (2) $\frac{2}{5}$

4. (1) 서로 독립 (2) 서로 독립 (3) 서로 독립 (4) 서로 독립이 아니다.

5. (1) 0.6 (2) $\frac{5}{6}$

6. (1) 9% (2) $\frac{7}{18}$

7. (1) 3/4 (2) 16/25

8. (1) $\frac{19}{64}$ (2) $\frac{16}{19}$

3장 이산확률분포

1. (1) $E(X) = 2$ (2) $E(X^2) = \dfrac{37}{6}$, $Var(X) = \dfrac{13}{6}$

2. (1)

x	0	1	2	3	4
$p(x)$	1/16	1/4	3/8	1/4	1/16

(2) $E(X) = 2$ (3) $E(X^2) = 5$

3. (1) $P(X=2) = \binom{5}{2}\left(\dfrac{1}{3}\right)^2\left(\dfrac{2}{3}\right)^3 = \dfrac{80}{243}$

(2) $E(X) = \dfrac{5}{3}$, $Var(X) = \dfrac{10}{9}$

4. $e^{-6}\dfrac{6^4}{4!} = 54e^{-6} \fallingdotseq 0.1339$

5. (1) $0.25 \times 0.75^2 \fallingdotseq 0.1406$ (2) $\binom{4}{1}0.25^2 \times 0.75^3 \fallingdotseq 0.1055$

(3) 기댓값=4, 분산=12 (4) 기댓값=8, 분산=24

6. (1) 5/11 (2) $E(X) = \dfrac{20}{11}$, $Var(X) = 5 \times \dfrac{4}{11} \times \left(1 - \dfrac{4}{11}\right)\left(\dfrac{11-5}{11-1}\right) = \dfrac{84}{121}$

7. (1) 1/2 (2) 1/3

8. (1) 7500만원 (2) 6400만원

4장 연속확률분포

1. (1) $c = \dfrac{3}{16}$ (2) $\dfrac{11}{16}$ (3) $F(x) = \dfrac{1}{16}(12x - x^3),\ 0 < x < 2$

(4) $E(X) = \dfrac{3}{4}$, $Var(X) = \dfrac{19}{80}$

2. $a = -1$, $b = 5$

3. 기댓값=2.70, 분산=2.34

4. $a = 42.16$, $b = 57.84$

5. (1) 22.7% (2) 53.62 (3) 2.27

5장 결합확률분포

1. (1)

y \ x	0	1	2	3	합계
0	$\frac{10}{120}$	$\frac{30}{120}$	$\frac{15}{120}$	$\frac{1}{120}$	$\frac{56}{120}$
1	$\frac{20}{120}$	$\frac{30}{120}$	$\frac{6}{120}$	0	$\frac{56}{120}$
2	$\frac{5}{120}$	$\frac{3}{120}$	0	0	$\frac{8}{120}$
합계	$\frac{35}{120}$	$\frac{63}{120}$	$\frac{21}{120}$	$\frac{1}{120}$	1

(2)

y \ x	0	1	2	3	합계
0	0.125	0.225	0.135	0.027	0.512
1	0.150	0.180	0.054	0	0.384
2	0.060	0.036	0	0	0.096
3	0.008	0	0	0	0.008
합계	0.343	0.441	0.189	0.027	1

2. (1)

y \ x	0	1	2	합계
0	1/8	1/8	0	1/4
1	1/8	2/8	1/8	1/2
2	0	1/8	1/8	1/4
합계	1/4	1/2	1/2	1

(2) $P(X > Y) = p(1,\ 0) + p(2,\ 0) + p(2,\ 1) = \frac{1}{4}$

(3) 독립이 아니다.

3. (1) $c = 1$ (2) $\frac{1}{2}$

(3) $f_X(x) = e^{-x}$, $x > 0$, $f_Y(y) = e^{-y}$, $y > 0$이므로 서로 독립이다.

4. (1) $c = 8$ (2) $\frac{1}{6}$

(3) $f_X(x) = 4x(1-x^2),\ 0 < x < 1,\ f_Y(y) = 4y^3,\ 0 < y < 1$이므로 서로 독립이 아니다.

5. (1) $E(X) = 1.5,\ Var(X) = 0.25$ (2) $E(Y) = 1,\ Var(Y) = 0.6$

(3) $E(XY) = 1.4,\ Cov(X, Y) = -0.1,\ Corr(X, Y) = -\dfrac{1}{\sqrt{15}} \fallingdotseq -0.2582$

6. (1) $E(X) = \dfrac{5}{12},\ Var(X) = \dfrac{43}{720}$ (2) $E(Y) = \dfrac{3}{4},\ Var(Y) = \dfrac{3}{80}$

(3) $E(XY) = \dfrac{1}{3},\ Cov(X, Y) = \dfrac{1}{48},\ Corr(X, Y) = \dfrac{5}{\sqrt{129}} \fallingdotseq 0.4402$

6장 표본분포

1. 0.0594

2. (1) 0.9452 (2) 2.94

3. (1) 0.1052 (2) 0.3058

4. (1) 0.1251 (2) 0.071

7장 추정

1. (1) (78.733, 85.267) (2) (79.258, 84.742)

2. (1) (1934.32, 1965.68) (2) 174

3. (1) $\overline{x} = 50,\ s^2 = 2.424,\ s = 1.557$ 신뢰구간 (48.443, 51.557)

(2) (1.148, 8.081)

4. (1) $p = 0.25 \pm 0.038 = (0.212, 0.288)$ (2) $n \geq 801$

8장 검정

1. ① 가설 $H_0 : \mu = 80,\ H_1 : \mu > 80$ ② 유의수준 : $\alpha = 0.05$

③ 검정통계량의 관측 값 $z_0 = 1.2$ ④ 기각역 : $Z_0 \geq z_{0.05} = 1.645$

⑤ 판정: H_0 채택

2. (1) 검정통계량의 관측 값 $z_0 = \dfrac{\overline{x} - \mu_0}{s/\sqrt{n}} = -2.5$

기각역: $Z_0 \le -z_{0.05} = -1.645$

판정: H_0 기각.

(2) 검정통계량의 관측 값 $z_0 = -1.875$

기각역: $|Z_0| \ge z_{0.025} = 1.96$

판정: H_0 채택

3. (1) 검정통계량의 관측 값 $t_0 = \dfrac{\overline{x} - \mu_0}{s/\sqrt{n}} = 2.031$

기각역: $T_0 \ge t_{0.01}(9) = 2.821$

판정: H_0 채택 p-값: 0.036

(2) 검정통계량의 관측 값 $t_0 = \dfrac{\overline{x} - \mu_0}{s/\sqrt{n}} = -2.843$

기각역: $|T_0| \ge t_{0.025}(9) = 2.262$

판정: H_0 기각 p-값: 0.038

(3) 검정통계량의 관측 값 $v_0 = \dfrac{(n-1)s^2}{\sigma_0^2} = 5.455$

기각역: $V_0 \le \chi^2_{0.95}(9) = 3.33$

판정: H_0 채택 p-값: 0.207

(4) 검정통계량의 관측 값 $v_0 = \dfrac{(n-1)s^2}{\sigma_0^2} = 15.15$

기각역: $V_0 \ge \chi^2_{0.1}(9) = 14.98$

판정: H_0 채택, p-값: 0.087

4. 검정통계량의 관측 값: $z_0 = -2.440$

(1) 기각역: $Z_0 \le -z_{0.01} = -2.326$,

판정: H_0 기각, p-값: 0.007

(2) 기각역 $|Z_0| \ge z_{0.005} = 2.576$,

판정: H_0 채택, p-값: 0.015

5. 가설 $H_0 : p = 0.04$, $H_1 : p > 0.04$, 표본비율 $\hat{p} = \frac{12}{200} = 0.06$,

검정통계량의 관측 값: $z_0 = 1.433$

기각역: $Z_0 \geq z_{0.05} = 1.645$ 판정: H_0 채택

9장 두 모집단의 비교

1. (1) $\mu_1 - \mu_2 = (\bar{x} - \bar{y}) \pm z_{0.005}\sqrt{s_1^2/n_1 + s_2^2/n_2}$

$= 135 \pm 43.60$

(2) ① 가설 $H_0 : \mu_1 - \mu_2 = 100$, $H_1 : \mu_1 - \mu_2 > 100$

② 유의수준: $\alpha = 0.01$

③ 검정통계량의 관측 값: $z_0 = \dfrac{(\bar{x} - \bar{y}) - 100}{\sqrt{s_1^2/n_1 + s_2^2/n_2}} = 2.061$

④ 기각역: $Z_0 \geq z_{0.01} = 2.326$

⑤ 판정: H_0 채택

⑥ p-값: $P(Z \geq 2.06) = 0.0197$

(3) A회사 주장이 99% 신뢰수준에서 옳다고 판정하기 위해서 필요한 표본평균의 차이를 δ시간 이상이라고 하면 통계량의 관측 값은

$$z_0 = \frac{\delta - 100}{\sqrt{125^2/100 + 115^2/100}} = \frac{\delta - 100}{16.985}$$

이고

$$z_0 = \frac{\delta - 100}{16.985} \geq z_{0.01} = 2.326$$

이므로 $\delta \geq 39.507$이다.

2. 자판기1: $\bar{x} = 48$, $s_1^2 = \frac{126}{9} = 14$

자판기2: $\bar{y} = 51$, $s_2^2 = \frac{180}{9} = 20$

합동표본분산: $s_p^2 = \frac{126 + 180}{18} = 17$

(1) 95% 신뢰구간

$$\mu_1 - \mu_2 = (\bar{x} - \bar{y}) \pm t_{0.025}(18)\, s_p \sqrt{1/n_1 + 1/n_2}$$
$$= -3 \pm 3.874 = (-6.874,\ 0.874)$$

(2) 가설검정

① 가설 $H_0 : \mu_1 = \mu_2$, $H_1 : \mu_1 \neq \mu_2$

② 유의수준: $\alpha = 0.05$

③ 검정통계량의 관측 값: $t_0 = \dfrac{\bar{x} - \bar{y}}{s_p \sqrt{1/n_1 + 1/n_2}} = -1.627$

④ 기각역: $|T_0| \geq t_{0.025}(18) = 2.101$

⑤ 판정: H_0 채택

⑥ p-값: $P(|T| \geq 1.627) = 0.121$

3. $\bar{x} = 17$, $\bar{y} = 18$, $\bar{d} = -1$, $s_D^2 = \dfrac{4}{3}$

(1) $\mu_D = -1 \pm 2.262 \times \dfrac{2}{\sqrt{30}} = -1 \pm 0.826 = (-1.826,\ -0.174)$

(2) ① 가설 $H_0 : \mu_D = 0$, $H_1 : \mu_D < 0$

② 유의수준: $\alpha = 0.05$

③ 검정통계량의 관측 값: $t_0 = \dfrac{\bar{d} - (-0.5)}{s_D / \sqrt{n}} = \dfrac{-0.5}{2/\sqrt{30}} = -1.369$

④ 기각역: $T_0 \leq -t_{0.05}(9) = -1.833$

⑤ 판정: H_0 채택

⑥ p-값: 0.102

4. (1) $p_1 - p_2 = (\hat{p}_1 - \hat{p}_2) \pm z_{0.025} \sqrt{\dfrac{\hat{p}_1(1-\hat{p}_1)}{n_1} + \dfrac{\hat{p}_2(1-\hat{p}_2)}{n_2}}$

$= -0.03 \pm 0.059 = (-0.089,\ 0.029)$

(2) $H_0 : p_1 = p_2$, $H_1 : p_1 < p_2$

공통표본비율 : $\hat{p} = \dfrac{6+7}{150+100} = 0.052$

① 가설 $H_0 : p_1 = p_2$, $H_1 : p_1 < p_2$

② 유의수준: $\alpha = 0.05$

③ 검정통계량의 관측 값: $z_0 = \dfrac{\hat{p}_1 - \hat{p}_2}{\sqrt{\hat{p}(1-\hat{p})(1/n_1 + 1/n_2)}} = -1.047$

④ 기각역: $Z_0 \le -z_{0.05} = -1.645$

⑤ 판정: H_0 채택

⑥ p-값: 0.148

5. 자판기1: $\bar{x} = 48,\ s_1^2 = \frac{126}{9} = 14$

자판기2: $\bar{y} = 51,\ s_2^2 = \frac{180}{9} = 20$

(1) $\frac{\sigma_1^2}{\sigma_2^2}$의 95% 신뢰구간.

$$\left(\frac{s_1^2}{s_2^2}\frac{1}{f_{0.025}(9,\ 9)},\ \frac{s_1}{s_2^2}f_{0.025}(9,\ 9)\right) = \left(\frac{14}{20}\times\frac{1}{4.03},\ \frac{14}{20}\times 4.03\right)$$

$= (0.173,\ 2.821)$

(2) 가설검정

① 가설 $H_0 : \sigma_1^2 = \sigma_2^2$, $H_1 : \sigma_1^2 \ne \sigma_2^2$

② 유의수준: $\alpha = 0.05$

③ 검정통계량의 관측 값: $f_0 = \frac{s_1^2}{s_2^2} = \frac{14}{20} = 0.7$

④ 기각역: $F_0 \ge f_{0.025}(9,\ 9) = 4.03$ 또는 $F_0 \le \frac{1}{f_{0.025}(9,\ 9)} = \frac{1}{4.03} = 0.248$

⑤ 판정: H_0 채택

참고문헌

- 구일섭 외 3인, 《기초통계학의 이해 제2판》, 경문사 (2014)
- 김경인 외 6인, 《통계학(엑셀을 이용한 분석)》, 자유아카데미 (2015)
- 김달호 외 7인, 《엑셀을 이용한 통계학》, 자유아카데미 (2015)
- 김영주 외 4인, 《확률 및 통계학 제2판》, 교우사 (2008)
- 김우철 외 8인, 《통계학개론 제4차 개정판》, 영지문화사 (2009)
- 백장선 외 1인, 《수리통계학 제9판》 (Probability and Statistical Inference 번역판), 자유아카데미 (2015)

찾아보기

저자와의
협의하에
인지를
생략합니다.

기초확률과
통계학

지은이 김대식 · 김윤경
펴낸이 조경희
펴낸곳 경문사
펴낸날 2019년 3월 4일 1판 1쇄
2021년 9월 1일 1판 2쇄
등 록 1979년 11월 9일 제1979-000023호
주 소 04057, 서울특별시 마포구 와우산로 174
전 화 (02)332-2004 팩스 (02)336-5193
이메일 kyungmoon@kyungmoon.com

값 17,000원

ISBN 979-11-6073-213-9